Raingard Knauer/Petra Brandt
Ich schütze nur, was ich liebe

Raingard Knauer / Petra Brandt

Ich schütze nur, was ich liebe

Konzept einer ganzheitlichen Umweltpädagogik

Herder Freiburg · Basel · Wien

Gedruckt auf umweltfreundlichem,
chlorfrei gebleichtem Papier

Einbandfoto: Pädagogische Ideenwerkstatt Bagage, Freiburg
Illustrationen: Matthias Brandt, Groß Weeden

Herstellung: Freiburger Graphische Betriebe 1995
ISBN 3-451-23605-2

Inhalt

Vorwort 7

1. *Umweltpädagogik als ganzheitliche Pädagogik* 13

1.1. Ich schütze nur, was ich liebe 13
1.2. Ziele von Umweltpädagogik – Was können wir eigentlich erreichen? 19
1.3. Umweltpädagogische Prinzipien in Schule und Kindergarten 21

2. *Die Suche nach Ansatzpunkten für Umweltpädagogik – Kinderleben in Betonwüsten und Naturnischen* 29

2.1. Strukturelle Einflüsse auf das Naturerleben von Kindern und Jugendlichen 30
2.2. Orte der Naturbegegnung 34
2.3. Wie erleben Kinder und Jugendliche Natur? 36
2.4. Lassen sich biographische Erfahrungen übertragen? – Ein Vergleich zum Nachdenken 40

3. *Der (un)heimliche Lehrplan – Umweltpädagogik kann nicht in zergliederten Räumen stattfinden* 47

3.1. Der heimliche Lehrplan in Schule und Kindergarten 47
3.2. Ökologisches Haushalten in Schule und Kindergarten . . . 51
3.3. Es gibt immer Neues zu entdecken – Das Außengelände als Erlebnisgarten 54
3.4. Natur in den Innenräumen 69
3.5. Verantwortung ist nicht zerstückelbar – Umweltpädagogische Anforderungen an Rahmenbedingungen . . . 85

4. *Natur erleben statt erklären – Grundlagen und praktische Anregungen für die pädagogische Arbeit in Schule und Kindergarten* 93

4.1. Umweltpädagogik muß alltäglich werden 94
4.2. Umweltpädagogische Spiele und Aktionen 97
4.3. Umweltpädagogische Projekte 102
4.4. Wieviel Wissen braucht die Umweltpädagogin? 105
4.5. Marienkäfer sammeln, Spinne zertreten – Grausamkeit oder notwendige Erfahrung? 107
4.6. Kindermitbestimmung in Umweltfragen 109

5. Öffnung nach innen und nach außen 111

5.1. Schul- und Kinder-„Gärten" als Stadtteilgärten 111
5.2. Exkursionen und Erlebnisspaziergänge 112
5.3. Erlebnispädagogik und Natur. 113
5.4. Waldkindergärten und Kinderbauernhöfe. 118

6. ErzieherInnen und Eltern – Umweltpädagogik muß bei den Erwachsenen beginnen 123

6.1. Authentizität und Umweltpädagogik – Möglichkeiten und Grenzen 123
6.2. Ökoquatsch oder Lebenshilfe? – Elternarbeit einmal anders. 126

7. Anregungen für einen ersten Anfang in Schule und Kindergarten. *131*

7.1. Aktivierung der Träume – Zukunftswerkstätten als ein Weg. 131
7.2. Spiele und Erkundungen 135
7.3. Wo anfangen – wie weitermachen? – Ein roter Faden 137

Literatur. 139

Wenn du mit anderen ein Schiff
bauen willst, so beginne nicht,
mit ihnen Holz zu sammeln,
sondern wecke in ihnen
die Sehnsucht nach dem großen,
weiten Meer.
(Antoine de Saint-Exupéry)

Vorwort

Ausgangspunkt – Kinder

Wenn wir unsere Kinder beobachten, nehmen wir wahr, wie intensiv sie sich der Natur in ihrer Vielfalt nähern, wie sie mit ihrem ganzen Körper handelnd den nassen Sand, den Marienkäfer, das feuchte Gras erfahren. Sie wechseln vom Spielen zur Beobachtung, zum Laufen und wieder zum Spielen. Und ab und zu fragen sie uns auch mal nach Zusammenhängen in der Natur.

Wir haben erlebt, daß sie nur dann, wenn sie Fragen stellen (verbal oder auch durch ihr Verhalten), wirklich aufnahmebereit sind. Dagegen haben wir oft beobachten können, daß gutgemeinte Erklärungen von Erwachsenen Kinder in ihrer intensiven Natur-Begegnung stören.

Wie häufig gehen wir auch in der Umwelterziehung von unseren *erwachsenen,* traditionellen Formen des Lernens aus! Erklären, Beobachten, Experimentieren – diese scheinen uns die eigentlich wichtigen Lehr- und Lernformen für die Umwelterziehung.

Diese Beobachtungen führten uns, die wir als Pädagoginnen in der ErzieherInnenausbildung tätig sind, zu folgenden Fragen:

- Ist diese erwachsenenspezifische Lernform auch angemessen für Kinder und Jugendliche?
- Fördern oder behindern wir damit ihre eigenen Lernerfahrungen?
- Gibt es auch andere, kindgemäße Formen der Naturbegegnung?
- Was müssen Kinder eigentlich lernen und erfahren, um später ökologisches Interesse aufbringen zu können?
- Wie begegnen Kinder Natur?
- Woran erinnern wir uns als Erwachsene noch?

Diese und viele andere Fragen waren der Beginn unserer Auseinandersetzung mit Umweltpädagogik. Bei der Suche nach Antworten entstand das Konzept, das hier zusammengestellt ist und das ein ausdrücklich *pädagogisches* Konzept ist.

Ausgangspunkt – Erzieherinnen und Erzieher

Als Pädagoginnen in der Ausbildung von ErzieherInnen fiel uns auf, daß die SchülerInnen auf die Ankündigung: „Nun ist Umweltpädagogik dran" nicht – wie erwartet – mit Interesse und Freude reagierten, sondern mit langen Gesichtern, Langeweile und Abwehr. Sätze wie „Kenn ich alles schon.", „Hab' ich schon in Bio gehabt." bis hin zu „In ein paar Jahren ist die Welt eh hin, was soll ich jetzt noch darüber reden?" waren die Regel.

Diese Reaktionen machten uns umso mehr deshalb betroffen, weil diese SchülerInnen nach der Ausbildung pädagogische Bezugspersonen von Kindern und Jugendlichen sein werden:

- Sie werden als ErzieherIn im Kindergarten arbeiten. Hier werden viele Kinder zum ersten Mal außerhalb der Familie betreut. Die Inhalte dieser Arbeit haben einen großen Einfluß auf die weitere Entwicklung der Kinder. Kinder eignen sich in diesem Alter Einstellungen, Bewertungskriterien und soziale Kompetenzen an, sie entwickeln Neugierde und Abneigungen, sie setzen sich mit ihren eigenen Gefühlen auseinander – kurz: Sie erwerben in handelnder Auseinandersetzung mit ihrer Umgebung eine wichtige Grundlage für ihre weitere Entwicklung. Dieses gilt auch für ihre Wahrnehmung von Natur und die eigene Beziehung zu ökologischen Fragen. Gerade hier, im Kindergarten, werden Grundlagen für die weitere Umweltpädagogik gelegt.
- ErzieherInnen arbeiten im Hort und der Jugendarbeit. Sie gestalten die Themen, die in der täglichen Arbeit von Bedeutung sind. Naturbegegnung wird – wenn die Abwehr tatsächlich so groß ist, wie oben beschrieben – nicht zu diesen wichtigen Themen gehören. Gerade die nicht-schulische Pädagogik bietet aber einen wichtigen Raum für Umweltpädagogik.
- ErzieherInnen gestalten Kinder- und Jugendräume. Umweltpädagogik findet einen wichtigen Niederschlag in dieser Gestaltung. Verfügen die ErzieherInnen über die dafür notwendige umweltpädagogische Sensibilität?

Sind heutige SchülerInnen wirklich so naturfern, wie sie uns in diesem Moment erschienen?

Bei der Auseinandersetzung mit dieser Frage stießen wir auf folgende, vor allem schulischen Erfahrungen der SchülerInnen:

- Sie berichteten, daß Ökologie vor allem ein Thema der Biologie und allenfalls noch der Gemeinschaftskunde gewesen sei. Hier stand kognitives Wissen im Vordergrund: Faktenlernen, Zusammenhänge kennen, Experimente durchführen, Bücher lesen. Vielfach ließ sich für die SchülerInnen keine Verbindung zu ihrem Alltagsleben herstellen. Wer selbst keinen Garten hat, verfügt häufig nicht über die kognitiven Strukturen, in die sich Pflanzennamen mühelos eingliedern lassen. Lernen ohne emotionale Beteiligung, ohne subjektives Interesse ist anstrengend und kurzlebig. Die Gefühle, Wünsche und Bedürfnisse der SchülerInnen wurden im „Umwelterziehungsunterricht" häufig nicht wahr- und aufgenommen.
- Sie beschrieben Horrorszenarien, die der Motivation zu Umweltengagement dienen sollten: vergiftetes Wasser, zerstörte Ökosysteme, sterbende Wälder. Sie waren mit Katastrophen so großen Ausmaßes konfrontiert, daß sie ihnen kaum vorstellbar waren. Zumindest boten sie ihnen keine Verhaltensmöglichkeiten mehr, sondern ließen die SchülerInnen in Angst und Grausen zurück. Ihre – ihnen vielfach einzig möglich erscheinende – Reaktion war Abwehr, Verdrängung, Verleugnung.
- Zu diesen Horrorszenarien kam für viele SchülerInnen der moralische Zeigefinger der Lehrenden. „Wenn du nicht willst, daß diese schreckliche Zukunft auf dich zukommt, dann mußt du ... (Abfall trennen, die Waldwege benutzen, Geld für den Umweltschutz sammeln, Unterschriften leisten usw.)." Viele SchülerInnen durchschauten durchaus diese vordergründige „Hilfe". Sie empfanden die von den Lehrern angebotenen „Lösungswege" als nicht ausreichend bzw. scheinheilig. Oder ihre eigenen Lebensbedingungen ließen solche Lösungsmöglichkeiten subjektiv nicht zu.

Dieses sind drei Ursachen für das vermeintliche Desinteresse an ökologischen Themen, die uns im Gespräch mit SchülerInnen deutlich wurden.

Auch hieraus entwickelten sich Fragen bezüglich einer möglichen Umweltpädagogik:

- Ist eine „Schockerpädagogik" überhaupt sinnvoll?
- Gibt es hierzu Alternativen?
- Wo und wie muß Umweltpädagogik ansetzen?
- Welche Ziele kann Umweltpädagogik überhaupt haben?

- Kann ich „umweltpädagogische Lernerfolge“ überprüfen?
- Wie verträgt sich Umweltpädagogik mit unseren Schulstrukturen bzw. Kindergartenstrukturen?
- Welche Anforderungen stellt Umweltpädagogik an die PädagogInnen?
- Welche Möglichkeiten haben wir, Veränderungen einzuleiten?

Diese und weitere Fragen bildeten das zweite Motiv für unsere Beschäftigung mit Umweltpädagogik.

Fragen sind genauso wichtig wie Antworten. Sie deuten nämlich in eine Richtung der Auseinandersetzung.

Der Ausgangspunkt unserer Fragen war nicht – wie in der Umwelterziehung oft üblich – die Ökologie. Wir gruppierten unsere Fragen um den Menschen – die Kinder, die Schüler, aber auch die Erwachsenen – herum.

Die Antworten, die sich aus ganz verschiedenen Richtungen (Psychologie, Soziologie, Pädagogik) anboten, ergänzten sich. Sie deuteten auch auf die Gründe dafür hin, warum Umwelterziehung bislang nur begrenzte Wirkung zeigen konnte.

Dieses lag nicht daran, daß die UmwelterzieherInnen zuwenig über Natur und Ökologie wußten – vielleicht wußten sie eher zuviel. Sie unterschätzten aber häufig die pädagogische Seite des Lernens. Und sie wollten viel zu viel in zu kurzer Zeit. Um den pädagogischen Schwerpunkt des hier vorgestellten Konzeptes zu betonen, ist in diesem Buch bewußt von *Umweltpädagogik* anstatt von *Umwelterziehung* die Rede.

Das Buch ist damit gleichzeitig ein Plädoyer dafür, PädagogInnen ihren wichtigen Stellenwert in diesem Bereich zu verdeutlichen und sie in ihren Bemühungen zu unterstützen. Es soll ihnen die Angst vor zu wenig Sachkompetenz nehmen. Nicht ökologische/naturwissenschaftliche Sachkompetenz ist gefragt, sondern Authentizität in der Auseinandersetzung mit eigenen Naturerfahrungen, pädagogische Sensibilität im Umgang mit Kindern und Jugendlichen und Kreativität und Mut, sich mit den Kindern und Jugendlichen auf Naturbegegnungen einzulassen.

Im Bereich der Umwelterziehung gibt es viele Ideen, viele Projekte, viele Angebote, viele Rezepte, viele Wünsche und auch wissenschaftliche Modelle. Aber es fehlt bislang ein pädagogisches Rahmenkonzept, in das sich diese Vielfalt praktischer Möglichkeiten einordnen läßt. Dazu soll dieses Buch eine Hilfe sein. Es bietet ErzieherInnen, LehrerInnen und anderen PädagogInnen einen Orientierungsrahmen für ihre praktische Arbeit und ihre theoretischen Auseinandersetzungen.

Es bietet keine Lösungen, aber es klärt Eckpfeiler umweltpädagogischen Handelns. Es liefert eine Orientierung, in der einzelne Maßnahmen einen Bezug zueinander bekommen und gibt darüber hinaus Anregungen für die tägliche Arbeit und zum praktischen und theoretischen Weiterdenken.

Wir möchten mit diesem Buch zwei Ebenen miteinander verknüpfen:

- Auf der einen Seite stellen wir einen *theoretischen Ansatz* vor, der entscheidende Bereiche der Umweltpädagogik umfaßt.
- Auf der anderen Seite wollen wir mit *praktischen Beispielen*, Erkundungen, Experimenten, Spielen etc. direkte Anregungen für die Umsetzung dieses Ansatzes in die Praxis geben. Die hier vorgestellten Praxisbeispiele können nur kleine Ausschnitte darstellen – sie erleichtern damit die eigene weitere Suche in der Vielzahl von Materialien, Spielen und Büchern zu Umwelt und Natur.

Das vorliegende Buch richtet sich an ErzieherInnen, LehrerInnen (aller Klassen und Schularten), SozialpädagogInnen, PädagogInnen und an alle an Umweltpädagogik Interessierten.

Nicht zuletzt kann es auch für die Umweltbeauftragten an Schulen Einführung, Unterstützung und Ideengeber für ihre Arbeit sein.

Beim Lesen werden Sie sich an manchen Stellen vielleicht verwundert fragen: Was hat denn dies mit Umweltpädagogik zu tun?

- **Für uns ist Umweltpädagogik nur als ganzheitliches Konzept denkbar, das in alle Lebensbereiche des Alltags einfließt.**
- **Umweltpädagogik muß sich vor allem auf Einstellungen und Gefühle beziehen. Ökologisches Wissensteht in unserem Ansatz nicht im Mittelpunkt.**
- **Daher muß Umweltpädagogik auf alle Lebensbereiche verweisen – kleine Begebenheiten und Veränderungen, die nicht auf den ersten Blick in Zusammenhang mit Natur und Umwelt zu stehen scheinen, haben häufig eine größere Wirkung als zunächst angenommen.**
- **Das umweltpädagogische Konzept, das wir in diesem Buch vorstellen möchten, ist ein alltagspädagogisches Konzept – und damit auch ein Konzept der kleinen und machbaren Veränderungen.**

1. Umweltpädagogik als ganzheitliche Pädagogik

Umwelt*pädagogik* legt den Schwerpunkt auf die Beziehung zwischen Menschen. Wie jede Pädagogik ist auch Umweltpädagogik in erster Linie Beziehungsarbeit. Sie erschließt sich daher nicht von den kognitiven naturwissenschaftlichen Zielen her, sondern von den Gefühlen, Interessen und Erfahrungen der Beteiligten.

Nur ein ganzheitliches Denken und Handeln ist in der Umweltpädagogik möglich und sinnvoll – ein vernetztes Denken, das für ökologische Forschung mittlerweile zur Selbstverständlichkeit geworden ist.

1.1. Ich schütze nur, was ich liebe

Ein bekannter Satz in der Umwelterziehung lautet:

„Ich schütze nur, was ich kenne."

Dieser Satz impliziert, daß auch umgekehrt gilt: Was ich kenne, das schütze ich. Die logische Folge für Eltern, ErzieherInnen und LehrerInnen daraus war, den Kindern möglichst viele Kenntnisse über Umwelt zu vermitteln in der Annahme, daß Kinder dann ökologisch erwünschte Verhaltensweisen zeigen.

Daß diese Umkehrung nicht richtig ist, müssen Eltern, ErzieherInnen und LehrerInnen immer wieder feststellen:

- Obwohl SchülerInnen über die Gefahr des Ozonlochs und den Zusammenhang mit Autoabgasen wissen, steht das erste eigene Auto nach dem Erwerb des Führerscheins für viele Jugendliche ganz oben auf ihrer Wunschliste.
- Auch wenn bedrohte Tier- und Pflanzenarten bekannt sind (weil sie für eine Klausur gelernt werden mußten), folgt daraus nicht zwingend engagiertes Handeln.
- Auch wenn Kinder verschiedene Spinnenarten und deren Nützlichkeit kennen, überwiegt mit zunehmendem Alter schnell der Ekel; „Sauberkeit" im häuslichen Umfeld geht vor.
- Trotz mehrerer didaktischer „Müll-Einheiten" kaufen SchülerInnen ihre Getränke in Einweg-Flaschen oder Dosen, trotz des

Unterrichtsfaches „Gesunde Ernährung" wird in den Pausen „fast-food" verdrückt.

Gleiches gilt für Lehrer: Jettet nicht auch der „Öko-Lehrer" in den Herbstferien nach Gomera? Kauft die Gemeinschaftskunde-Lehrerin selbst den eben in der Stunde als politisch und ökologisch sinnvoller bewerteten (aber teureren) Dritte-Welt-Kaffee? Wissen ist auch bei Erwachsenen keine ausreichende Basis für Verhaltensänderungen – was erwarten wir dann von Kindern und Jugendlichen?

Der Prozeß, der dazu führt, daß Jugendliche und Erwachsene schließlich aktiv für den Schutz der Umwelt eintreten und sich ökologisch erwünscht verhalten, ist viel differenzierter. Er beginnt in der Kindheit. Entscheidend hierfür sind viele scheinbar unwichtige alltägliche Handlungen von Erwachsenen, die Bedingungen, unter denen Kinder aufwachsen und nicht zuletzt die emotionalen Bindungen und sozialen Kompetenzen, die Kinder und Jugendliche im Umgang mit Gleichaltrigen und Erwachsenen erwerben.

Im folgenden wird die Grundlage des umweltpädagogischen Ansatzes, der diesem Buch zugrunde liegt, dargestellt. Da einprägende Sätze einen hohen Merkwert haben, wollen auch wir mit einem Leitsatz beginnen.

Ich schütze nur, was ich liebe.
Ich liebe nur, was ich kenne.
Ich kenne nur, was ich wahrnehme.
Ich nehme nur wahr, was für mich eine Bedeutung hat,
... und diese Bedeutung vermitteln Erwachsene den Kindern.

Ich schütze nur, was ich liebe ...

Die Natur zu schützen, ökologische Kriterien zum Maßstab eigenen Handelns zu machen, ist eine Entscheidung, die Engagement verlangt. Engagement geht immer mit Gefühlen einher.

Die Motivation, mich für etwas zu engagieren, kann Angst sein – eine Motivation, die gerade in der Umweltbewegung im Zusammenhang mit den bekannten Horrorszenarien über Umweltverschmutzung und Atomverseuchung häufig anzutreffen ist.

Diese Ängste verfolgen schon Kinder und Jugendliche. Sie entwerfen, nach ihren Zukunftsvorstellungen befragt, oft negative Szenarien. Vor allem die politische Entwicklung und der Zustand der Natur werden äußerst pessimistisch beurteilt. Ulrike Unterbruner hat in einer Untersuchung über Ängste Jugendlicher vor Umweltzerstörung mit 55% überwiegend pessimistische Zukunftsvorstellungen festgestellt (vgl. Unterbruner 1991).

Angst lähmt und schränkt die Kreativität ein. Sie führt zu „Verzweiflungsengagement", das Kraft kostet, seinerseits aber keine Kraftquelle für langfristiges Handeln sein kann.

Die Motivation für Engagement kann aber auch ein positives Gefühl sein. Nicht Ohnmacht bringt Menschen langfristig zum Handeln, sondern Hoffnung auf etwas Schönes. Utopien sind der Motor der Veränderung im gesellschaftlichen und im privaten Raum – sie waren es in der Vergangenheit und werden diese Bedeutung auch in der Zukunft haben.

Handeln aus einem politischen Engagement heraus, aus Liebe zur Natur, verbraucht nicht nur Energie, sondern kann auch Kraftquelle für das weitere Handeln sein.

Hinzu kommt, daß Verschmutzung und Bedrohung der Natur für Kinder (und auch für Erwachsene) nur selten sichtbar sind. Umweltgifte und -gefahren können häufig nicht wahrgenommen werden. Die Befürchtungen bezüglich möglicher Naturkatastrophen sind in Deutschland selten die Folge eigener Erfahrungen, sondern Ergebnisse von erschreckenden Darstellungen in den Medien und von kognitiven Lernprozessen z.B. in der Schule: Die Bäume im Park sehen noch ganz gesund aus – das Waldsterben ist eine Schreckensvision aus Filmen. Im Meer zu baden, bringt nach wie vor Spaß – von zunehmender Wasserverschmutzung weiß ich nur aus den Medien. Blumen und Sträucher blühen jedes Jahr wieder – Atomverseuchung ist eine Realität der Meßinstrumente. Was ist Wirklichkeit – was ist Fiktion? Die Angst als Motor für Umweltengagement beruht auf kognitivem Wissen, das in der Realität leicht verleugnet werden kann.

Anders sieht es aus, wenn die Basis für Umweltengagement primär positive Hoffnungen, Träume und Wünsche sind. Das Bedürfnis, die Natur diesen Wünschen entsprechend zu gestalten, ist eine tragbarere Basis für langfristiges bewußtes ökologisches Handeln.

Für Umweltpädagogik bedeutet dies: Wir müssen erkennen, was uns die Natur emotional bedeutet. Wir müssen die Ruhe, die wir in ihr finden, die Neugier, die sie erzeugt, aber auch die Ängste und Unsicherheiten, die auftreten, wahrnehmen. (Einige Spiele und Anregungen für diesen Schritt finden sich in Kapitel 4 dieses Buches.)

Ich liebe nur, was ich kenne ...

Auch wenn die Kenntnis von Pflanzen und Tieren, das Wissen also um Zusammenhänge in der Natur, keine ausreichende Basis für Umweltengagement ist, so hat sie in der Umweltpädagogik durchaus Bedeutung. Allerdings bedeutet „Kennen“ mehr als das Auswendiglernen von Gattungsnamen.

Wann ich etwas zu „kennen“ meine, ist individuell unterschiedlich. Der eine meint, ein Eichhörnchen zu kennen, weil er es als Tier erkennt und eventuell über das Freß- und Sammelverhalten des Eichhörnchens Bescheid weiß. Der andere ist überzeugt, das Eichhörnchen zu kennen, weil er lange die geschmeidigen Bewegungen des Tieres beim Klettern und Springen beobachtet hat. Wer von beiden das Tier besser „kennt“, bleibt offen.

Das Eichhörnchen-Beispiel der Umweltpädagogin von Wulffen macht dieses plastisch deutlich:

„Typische LehrerInnenfrage:
Was nützt das Eichhörnchen dem Wald?
Das Eichhörnchen nützt dem Wald, weil es im Herbst Haselnüsse sammelt und im Boden vergräbt als Wintervorrat, was es aber meist wieder vergißt, so daß die Nüsse im Boden bleiben und zu neuen Haselsträuchern heranwachsen.
Wer auch nur einmal mit wachen Sinnen ein Eichkätzchen hat springen und turnen sehen, seine Sätze vom federnden Ast des einen Baums zum federnden Ast des anderen Baumes beobachtet hat und wie es zierlich einen Zapfen hält, ihn abzupft und die Reste am Boden verstreut, den muß die Kargheit und Torheit solcher und anderer Schulfragen tief bekümmern. Bringt nicht die Wahrnehmung, daß das Eichhörnchen von Ast zu Ast springt, weit mehr über dieses Tier zum Vorschein als die eher fragwürdige Sache mit den gelegentlich auch vergessenen Haselnüssen? Jene nur scheinbar ‚kindliche‘ Beobachtung erfaßt es weit gründlicher als jede stets zu kurz greifende Nutzenantwort es vermöchte. Denn das Eichhörnchen ist Wald, der bekanntlich ja nicht nur aus Bäumen besteht“ (von Wulffen 1987/88, S. 225/26).

Der Zustand des „Kennens“ ist nicht objektivierbar, sondern abhängig von der individuellen Person, die etwas zu kennen meint.

Ich kenne nur, was ich wahrnehme ...

Kenntnisse über Bücher zu erwerben ist eine abstrakte Lernart, die erst Erwachsene beherrschen (und auch hier bleibt die Frage, ob wir die Antarktis wirklich „kennen“, wenn wir sie nie selbst gesehen, gerochen, gehört und gefühlt haben). Medien können nur Ausschnitte der Realität widergeben.

Kinder erwerben ihre Kenntnisse handelnd und direkt. Am Anfang des Kennenlernens steht die Wahrnehmung mit allen Sinnen. Entgegen landläufiger Ansicht nehmen nicht alle Menschen gleich wahr. Vielmehr ist auch Wahrnehmung eine in der Kindheit erlernte und lernbare Fähigkeit, die individuellen, kulturellen und gesellschaftlichen Bedingungen unterliegt.

In unserer Gesellschaft steht die visuelle Wahrnehmung an erster Stelle. Unterstützt durch die visuellen Medien (Fernsehen, Zeitschriften, Werbung, visuelle Signale etc.) ist für uns das Sehen der wichtigste Sinn geworden. Visuelle Wahrnehmung wird schon früh geübt und unterstützt – allerdings einseitig. Wahrnehmungen durch die anderen Sinne (Hören, Riechen, Schmecken, Fühlen) haben demgegenüber nur eine untergeordnete Bedeutung.

Gerade Natur ist faszinierend durch die Vielfalt der Wahrnehmungsmöglichkeiten. Die Erde riecht; sie hat eine unverwechselbare Konsistenz, die gefühlt werden will; die Blätter rascheln; der Wind am Meer trägt einen salzigen Geschmack mit sich. Umweltpädagogik muß die Vielfalt sinnlicher Wahrnehmung bewußt machen und unterstützen.

Wahrnehmung vor allem über die Sinne ist ein zentraler Bestandteil von Umweltpädagogik. (Einige praktische Anregungen für Schule und Kindergarten finden sich in Kapitel 4.)

Ich nehme nur wahr, was für mich Bedeutung hat ...

Aus der Vielfalt möglicher Wahrnehmungen muß eine Auswahl stattfinden. Die Reduzierung der Wahrnehmungsvielfalt ist ein notwendiger Schritt, um in einer hochkomplexen Welt handlungsfähig zu werden und zu bleiben. Die Art der Reduktion ist abhängig von gesellschaftlichen und kulturellen Faktoren.

Menschen, deren Lebensraum der Wald ist, müssen leiseste Geräuschveränderungen wahrnehmen und deuten können, da dieses existentiell wichtig für ihr alltägliches Leben ist. Schon kleine Kinder werden daher ihre Wahrnehmungssensibilität bezüglich der Waldgeräusche intensiv üben.

Für unsere Kinder ist es dagegen lebensnotwendig, ein herannahendes Auto wahrzunehmen und auf dieses Geräusch zu reagieren. Autogeräusche sind für die meisten Kinder ein deutliches Warnsignal, das sie deuten können – schon Zweijährige erkennen das eigene Auto am Geräusch!

Dagegen haben Naturgeräusche für städtische Kinder nur wenig Bedeutung. Sie werden in relativ groben Kategorien wahrgenommen (da singt ein Vogel, da bellt ein Hund).

... und diese Bedeutung vermitteln Erwachsene den Kindern.

Dieses ist der wichtigste Ansatzpunkt für Umweltpädagogik mit Kindern und Jugendlichen. In den Sozialisationsverläufen unserer Kinder haben Naturwahrnehmungen kaum noch Bedeutung. Diese müssen wir ihnen zurückgeben.

Eltern, ErzieherInnen und LehrerInnen müssen Kinder und Jugendliche in den Situationen unterstützen, in denen sie Natur wahrnehmen. Die zu Beginn des Lebens noch vorhandene Wahrnehmungsvielfalt wird vom ersten Lebenstag an durch verschiedene Umweltfaktoren kanalisiert und eingeschränkt. Wir müssen darauf achten, daß für Kinder und Jugendliche Naturwahrnehmungen vielfältiger Art Bedeutung haben und weiterverfolgt werden. Das heißt, daß wir die Kinder in ihrer Art, sich ihrer natürlichen Umwelt zu nähern, unterstützen und bestätigen müssen. Kinder, denen Erwachsene nie bestätigt haben, daß ihre Wahrnehmung der vielen Krabbeltiere in der Erde wichtig ist, werden diese mit zunehmendem Alter gar nicht mehr registrieren.

Ein Kollege berichtet folgenden Fall:

Grundschulkinder sollen ein gekennzeichnetes Stück Waldboden nach Lebewesen untersuchen. Sie finden allerdings keine. Vor allem Tiere, die sich nicht bewegen, sind für die Kinder nicht wahrnehmbar. Erst, nachdem A. selbst auf die Tiere gezeigt hat und diese sich bewegt haben, sehen die Kinder sie.

Hier wird deutlich, wie Wahrnehmungsfähigkeit verlernt wurde. Die Kinder haben gelernt, vor allem das zu sehen, was sich bewegt – unter anderem ein Ergebnis des Fernsehens.

Um dieser Unfähigkeit, Naturelemente wahrzunehmen, zu begegnen, ist es wichtig, Kinder in ihren Wahrnehmungen frühzeitig zu bestätigen. Dieses kann durch Worte, Gesten oder Handlungen geschehen, die dem Kind deutlich machen: Es ist gut und spannend, was du wahrgenommen hast; das ist interessant; das macht mir auch Spaß; da werde auch ich neugierig.

Hier ist das Alltagshandeln der Erwachsenen von Bedeutung. Nicht große Projekte, sondern alltägliche Sensibilität und Glaubwürdigkeit sind die Basis für Umweltpädagogik. (Möglichkeiten dieser alltäglichen Begleitung von kindlichen und jugendlichen Naturerfahrungen werden in Kapitel 4 ausführlich dargestellt.)

Umweltpädagogik muß auf der Ebene beginnen, auf der Kinder, Jugendliche (und Erwachsene) die Natur direkt wahrnehmen. Ein kognitives Interesse, das sich auch in ökologisch erwünschtem Handeln niederschlägt, kann sich erst entwickeln, wenn Natur zunächst wahrgenommen und sodann eine positive emotionale Beziehung zu ihr hergestellt werden konnte.

1.2. Ziele von Umweltpädagogik – Was können wir eigentlich erreichen?

Umweltpädagogik muß auf die Entwicklung von Einstellungen und Gefühlen abzielen, die eine Naturbegegnung unterstützt und weiteres Interesse hieran motiviert. Dabei steht der Erwerb rationalen Wissens über die Natur nicht an erster Stelle. Kinder und Jugendliche müssen nicht wissen, wie eine Pflanze, ein Tier heißt, zu welcher Gattung es gehört oder welche Lebensumstände es braucht. Sie sollten aber Interesse an Pflanzen und Tieren entwickeln, neugierig auf sie sein, sie als wichtig und wertvoll empfinden. Aus diesen Gefühlen heraus wird das Kind oder der Jugendliche zu dem Zeitpunkt, zu dem es Informationen braucht, diese erfragen.

Die Entwicklung von Einstellungen und die Sensibilisierung für Gefühle ist immer ein individueller Prozeß. Deshalb können die Ziele für Umweltpädagogik nur als Eckwerte formuliert werden, die für die jeweilige Kinder- bzw. Jugendgruppe immer neu ausgearbeitet werden müssen.

Wir stellen folgende Richtziele auf, die das pädagogische Handeln vor Ort leiten können:

- **Unterstützung von Neugierde:** Kinder und Jugendliche sollen fragen lernen und neugierig sein. Interesse und Neugierde auf alles, was passiert, ist der Antrieb für kindliches (und erwachsenes) Lernen. Kinder und Jugendliche sollen neugierig sein auf die Dinge, die mit uns und in der Natur geschehen. Es geht mehr um die Entwicklung von Fragen, als um fertige Antworten. Dabei müssen Erwachsene sie unterstützen.
- **Unterstützung und Ausweitung von Wahrnehmungsfähigkeit:** Eine Einengung der Wahrnehmungsfähigkeit ist kulturell

notwendig. Wir leiden allerdings unter einseitigen Wahrnehmungsmustern, die sich an unserer gesellschaftlichen Realität orientieren. Gerade im Bereich der Naturbegegnungen muß die kindliche und jugendliche Wahrnehmung entgegengesetzt zu vorherrschenden Wahrnehmungsstrategien unterstützt werden (z.B. Verstärkung heute eher vernachlässigter Sinne wie Hören, Riechen, Schmecken, Fühlen).

- **Sensibilisierung für Zusammenhänge:** Wichtig sind nicht isolierte Kenntnisse, Beobachtungen oder Handlungen, vielmehr müssen Kinder und Jugendliche lernen, stärker auf die „Zwischenräume", die Zusammenhänge zu achten als auf einzelne Produkte. Dieses unterstützt das ganzheitliche Denken, welches zur Zeit durch die Isolierung von Lernfeldern (z.B. durch den Fächersalat in der Schule) zerstückelt wird.
- **Übernahme von Verantwortung:** Umweltpädagogik ist in weiten Teilen vor allem soziales Lernen. Kinder und Jugendliche sollen selbständig Fragen entwickeln, Lösungen suchen und umsetzen, Zusammenhänge zwischen ihrem Handeln und dessen Folgen wahrnehmen und einschätzen und schließlich Verantwortung für ihr Handeln übernehmen lernen.
- **Kennenlernen von Natur:** Nach und nach erwerben Kinder und Jugendliche durch dieses Vorgehen eine bessere Kenntnis von Natur und deren Zusammenhängen. Dabei werden sie sich auch kognitive Kenntnisse aneignen. Diese stehen aber immer in Zusammenhang mit der konkreten sozialen Situation des Kindes oder Jugendlichen und werden nicht isoliert (ohne individuellen Sinn) erworben.

Ziele der Umweltpädagogik lassen sich nicht in herkömmlicher Form operationalisieren, d.h., mit voraussagbaren Fähigkeiten versehen. Besonders für den Bereich des sozialen Lernens ist die Forderung nach Meßbarkeit von Lernprozessen äußerst problematisch (vgl. Kupffer 1980, S. 107 ff.). Die jeweiligen Ziele sind vielmehr für jede Gruppe neu festzulegen und individuell verschieden.

Sie sind abhängig von folgenden Faktoren:

- der Zielgruppe (Alter der Zielgruppe, Wohnumfeld, soziale Lebensbedingungen etc.),
- der Lernsituation (Zeitrahmen, Örtlichkeiten, Jahreszeit, Gruppenzusammensetzung, Auftraggeber etc.),
- den Pädagoginnen und Pädagogen (inhaltliche und methodische Schwerpunkte der jeweiligen MitarbeiterInnen),
- aktuellen Ereignissen (Krisen, Modellprojekten etc.).

Auch die Ziele von Umweltpädagogik müssen einem ganzheitlichen Ansatz entsprechen – sie sind konkret und individuell für die jeweilige Zielgruppe immer wieder neu zu bestimmen.

- **Sie beinhalten vor allem auch emotionale und aktionale Anteile.**
- **Sie dürfen nicht zu hoch angesetzt werden (weniger ist auch hier oft mehr).**

1.3. Umweltpädagogische Prinzipien in Schule und Kindergarten

Die folgenden umwelt*pädagogischen* Prinzipien sind Eckwerte *jeder* pädagogischen Arbeit. Trotzdem kommen sie bis heute vor allem in den Institutionen Schule und Kindergarten nur zum Teil zur Anwendung.

Sie werden daher an dieser Stelle zusammenfassend dargestellt. Alle Spiele, Projekte und Gestaltungsvorschläge, die hier vorgestellt werden, berücksichtigen diese pädagogischen Eckwerte.

Anknüpfungspunkte erkunden

Eine ganzheitliche Pädagogik bedeutet, daß zunächst die Interessen, Gefühle und Bedürfnisse der Kinder und Jugendlichen im Mittelpunkt stehen müssen. Die moralische Aufforderung, den Abfall zu trennen, geht an der jugendlichen Lebenswirklichkeit in der Regel vorbei. Hier steht der Freund/die Freundin im Mittelpunkt, der Streit mit den Eltern, die ersehnte Markenhose, der erwartete Führerschein.

Natur bedeutet für Jugendliche vielleicht vor allem ein Treffpunkt mit Freunden, Ruhe vor den Eltern, Erlebnis und Abenteuer oder eine Möglichkeit, braun zu werden.

Für Kinder im Vorschulalter bedeutet Natur vielleicht der eigene Garten oder das Beet bei der Oma, auf dem leckere Erdbeeren wachsen, der Hinterhof, auf dem gerade ein Wettbewerb im Mülltonnenbesteigen läuft, die Wiese zum Toben, der Tierpark zum Füttern, das Unkraut, das die Mutter immer wieder 'rauszupft oder das Spiel mit dem Regenwurm.

Auch für uns Erwachsene hat Natur ganz unterschiedliche Bedeutungen. Häufig genannt wird der Erholungswert, die Ruhe beim Spaziergang im Wald, das „Durchgepustet-Werden" am Meer, das Singen der Vögel, der ruhige Liegestuhl in der Ecke des Gartens oder des Balkons, die Bank im Park. Für einzelne stellt Natur aber auch die Herausforderung dar, an der sie sich messen können und die ihnen eine Rückmeldung auf die eigene Existenz gibt (Segeln, Bergsteigen, Wandern, Tauchen etc.).

So individuell, wie unsere Naturzugänge sind, gestalten sich auch die Naturzugänge für Kinder und Jugendliche. Diese gilt es zu entdecken. Die bekannte Maxime, „die Lernenden dort abzuholen, wo sie stehen", bezieht sich nicht nur auf den kognitiven Wissensstand, sondern auch auf emotionale Bereiche.

Ein Spiel zur Einstimmung für Jugendliche und Erwachsene:

Erinnerungen

Dieses Spiel soll es Jugendlichen und Erwachsenen erleichtern, sich an eigene Naturerfahrungen in der Kindheit zu erinnern. Über die eigene Erinnerung wird ein Zugang zur heutigen Natur-Beziehung geschaffen. Durch das gemeinsame Erinnern werden zum Teil Erfahrungen wieder präsent, die schon vergessen schienen.
Das Spiel ist leicht selbst herzustellen und je nach Zielgruppe veränderbar.
Benötigt werden: 1 Spielplan (selbst herzustellen), 1 Würfel, 1 Setzfigur, 1 Satz Spielfragen (als Kopie oder auf einzelnen Karten)

Spielfragen:

Kindheit

1. Was hat Dich am meisten beeindruckt, als Du einmal nachts wach bleiben durftest?
2. Wo hast Du draußen am liebsten gespielt?
3. Welcher Geruch aus Deiner Kindheit fällt Dir wieder ein?
4. Welches Tier hat Dich fasziniert?
5. Wovor hast Du Dich geekelt?
6. Bist Du oft barfuß gelaufen?
7. War es spannend, mit Sand und Erde zu spielen?
8. Hast Du als Kind ein eigenes Beet zum Bepflanzen gehabt?
9. Wer hat Dir Deine Fragen über Tiere, Pflanzen, Bäume beantwortet?
10. Erinnerst Du Dich noch daran, welche Tiere Du gefüttert hast?
11. Welche Wasserspiele hast Du im Freien gemacht?
12. Welches war Dein liebstes und geheimstes Versteck außerhalb der Wohnung?

Schulzeit/Jugend

13. Welches waren für Dich die spannendsten Ferien?
14. Welches war Dein Lieblingsbaum?
15. Hast Du einmal einen Frosch in der Hand gehabt?
16. Hattest Du besondere Interessen/Hobbies?
17. Haben Umweltschutzthemen in Deiner Jugend eine Rolle gespielt?
18. Wo hast Du Dich draußen mit Freunden getroffen?

Heute

19. Welche Wege gehst Du zu Fuß?
20. In welchem Bereich verhältst Du Dich umweltbewußt?
21. Welche Naturerlebnisse beeindrucken Dich heute besonders?
22. Kennst Du viele Pflanzen und Tiere mit Namen?
23. Wo liegen Deine Grenzen bei umweltgerechtem Verhalten – was würdest Du auf keinen Fall mehr mitmachen?
24. Kannst Du Dir vorstellen, ganz auf ein Auto zu verzichten?
25. Was stört Dich an den gängigen Aufforderungen und Aktionen zum Schutz der Umwelt am meisten?

Spielverlauf:

Auf dem Spielplan befindet sich ein beliebiges Naturmotiv mit numerierten Setzfeldern entsprechend der Anzahl der Fragen. Die Spielfigur wird auf dem Startfeld plaziert. Der erste Spieler würfelt eine Zahl und setzt die Figur entsprechend vorwärts. Die Frage, deren Nummer der des aufgesuchten Feldes entspricht, wird vorgelesen und vom Spieler beantwortet. Die anderen Spielteilnehmer haben die Möglichkeit, Fragen zu stellen oder eigene Anmerkungen zu machen. Es wird reihum gewürfelt. Um alle Fragen zu beantworten, muß das Spiel mehrere Runden hindurch gespielt werden. Dabei sollte die Gruppe nicht größer als 15 TeilnehmerInnen sein.

Erfahrungsgemäß ist es bei diesem Spiel wichtig, daß der Pädagoge/die Pädagogin durch vorsichtiges Nachfragen oder eigene Erzählungen ein schnelles „Abhaken" der Fragen verhindert. Ziel des Spieles ist, Erinnerungen zu aktivieren und nicht, schnell fertig zu sein. Vor allem die Erinnerung an die frühe Kindheit fällt vielen Jugendlichen und Erwachsenen schwer.

Dieses Spiel ermöglicht interessante Erinnerungen an eigene Abenteuer, Interessen, Gefühle und Bedürfnisse in und um die Natur. Es initiiert Gespräche, Diskussionen und vor allem im letzten Abschnitt (heutige Umwelterfahrung) auch Kontroversen. Zur Auflockerung lassen sich Aktions-Aufforderungen (Pantomimen, Rätsel etc.) hinzufügen. Im Anschluß sollte darüber gesprochen werden, welche Erinnerungen leicht fielen und welche schon halb vergessen waren. Gründe hierfür werden im Gespräch schnell erarbeitet.

Dieses Spiel:
- ermöglicht den Jugendlichen oder Erwachsenen eine Annäherung an eigene Naturerfahrungen,
- bietet den UmweltpädagogInnen vielfache Anknüpfungspunkte für das weitere Vorgehen.

Wer Lust am Gestalten hat, kann hieraus auch ein Brettspiel mit Ereignis-Karten herstellen.

Die Kinder und Jugendlichen ernstnehmen

Obwohl dieses ein Basissatz jeder Pädagogik ist, kann er nicht oft genug wiederholt werden. Ernstnehmen bedeutet, zuhören zu können, sich für andere Standpunkte zu interessieren, sich in andere hineinzufühlen, nicht moralisch vom eigenen Standpunkt aus zu werten etc.

Die oben genannten individuellen Zugänge von Kindern und Jugendlichen zur Natur sind wahrzunehmen, aber nicht abzuqualifizieren. Wenn für ein 16jähriges Mädchen das Braunwerden eine subjektiv wichtige Naturerfahrung ist, dann müssen wir dieses als PädagogInnen zunächst akzeptieren. Hinweise auf Gesundheitsgefährdung durch das Ozonloch wären völlig unangebracht. Sie würden im Gegenteil das eben begonnene Gespräch mit diesem Mädchen unterbrechen.

Richtig ist vielmehr, dieses Bedürfnis ernstzunehmen und weiterzufragen. Vordergründig ist vielleicht ein Modetrend (Braunsein ist in – oder schon wieder out?) angesprochen. Das Gespräch mit dem Mädchen kann aber auch zu einem intensiven Austausch über Umwelterfahrungen werden:

- Braunwerden bedeutet Sommer und in der Sonne liegen.
- Ich fühle dann die Sonnenstrahlen auf meiner Haut.
- Der ganze Körper dehnt sich wohlig aus.
- Ich fühle mich entspannt.
- Ich rieche das Gras oder das salzige Meer.
- Wenn ich auf der Wiese liege, höre ich das Summen der Insekten.
- Der Wind streichelt die Haut.
- Die Haut riecht nach Sonne.
- Die Zeit des Braunwerdens ist die Zeit, in der ich viel draußen bin.
- Sie ist mit Toben und Tollen verbunden.

Jede/r mag diese Erfahrungen weiterspinnen. Nehme ich die Kinder und Jugendlichen in ihren Äußerungen ernst, werden auch scheinbar banale oder zum Widerspruch reizende Äußerungen Anlaß für Umweltpädagogik.

Positive Zukunftsvisionen statt „Schockerpädagogik"

Die Visionen einer zerstörten Welt schrecken eher ab anstatt zum Handeln zu motivieren. UmweltpädagogInnen müssen, bei den individuellen Zugängen ansetzend, Kinder und Jugendliche darin unterstützen, Handlungsspielräume wahrzunehmen und zu erweitern. Sie müssen Wünsche und Utopien der SchülerInnen erfragen und zum Träumen anregen.

Hier bieten sich viele Spiele und Projekte an, die Kindern und Jugendlichen die Möglichkeit geben, ihre Wünsche und Träume deutlich zu machen. Dieses können Geschichten sein, die sich die Kinder ausdenken, Märchen, die sie zeichnen, Theaterphantasien, die sie inszenieren.

Besonders die von Robert Jungk entwickelten Zukunftswerkstätten bieten eine Möglichkeit, mit Jugendlichen und Erwachsenen und etwas abgewandelt sicher auch mit Kindern neue Wege zu erschließen (vgl. Kapitel 8).

Ethische Standpunkte, aber kein „moralischer Zeigefinger"

„Du mußt ...", „Du darfst nicht ...", „Wenn Du das machst, dann ..." – Sätze, die zum Standardrepertoire vieler PädagogInnen und UmwelterzieherInnen gehören. Dieses Vorgehen impliziert Sicherheit und klare Zusammenhänge. Diese gibt es aber in der Regel nicht, denn für viele ökologischen Probleme und Fragen gibt es keine eindeutigen Lösungen. Vielmehr gibt es eine Vielzahl von möglichen Wegen, deren Verlauf und Ziel nicht eindeutig sicher sind. Ökologische Probleme bedürfen der Phantasie und Flexibilität, sie können nicht in einer „Rezeptpädagogik" eingeübt werden. Der moralische Zeigefinger täuscht die Sicherheit eingeübter Wege vor und verhindert damit die Lust und die Fähigkeit zum Finden eigener Lösungsmöglichkeiten.

Dieses bedeutet keine Beliebigkeit des eigenen Standpunktes. Für Kinder und Jugendliche ist es sehr wichtig, Standpunkte und Auseinandersetzungsbereitschaft beim Pädagogen zu erkennen. Sie wollen und fordern dieses von den Erwachsenen. Pädagogik ist in diesem Bereich auch ein Übungsfeld für Auseinandersetzungen. Kinder und Jugendliche überprüfen ihre eigenen Argumente und

Motivationen an den Reaktionen und Meinungen der Erwachsenen. Streit und Auseinandersetzung ist ein wesentliches Moment pädagogischer Beziehungen. Dieses muß in einem kommunikativen Rahmen geschehen: Ich streite mich mit dir, weil ich eine andere Einschätzung in dieser Sache habe, ich achte dich aber trotzdem und halte die Kommunikation mit dir aufrecht.

Standpunkte zu vertreten verlangt Klarheit in der eigenen Auseinandersetzung – zweifellos eine Anforderung an PädagogInnen.

Die eigene Person einbeziehen

Pädagogik ist immer Beziehungsarbeit. Das wichtigste Medium ist der Pädagoge/die Pädagogin selbst. Jeder kann sich an Personen erinnern, die unabhängig von ihrem Fachwissen einen großen Einfluß auf die eigene Entwicklung hatten. (Daß dieses auch für die Entwicklung von Einstellungen zur Natur gilt, wird in der Regel bei der Antwort auf Frage 9 des „Erinnerungsspiels" [vgl. S. 22] deutlich.) Auch Umweltpädagogik bedeutet vor allem, in eine Beziehung zu den Kindern und Jugendlichen zu treten, in der die eigene Person eine wichtige Rolle spielt. Ich kann Umweltpädagogik nicht „machen", so wie ich eine Maschine bediene, sondern ich muß sie – bei allem notwendigen Wissen und der Beherrschung bestimmter Techniken – vor allem selbst leben.

Authentizität gewinnen

Kinder und Jugendliche spüren sehr genau, ob wir meinen, was wir sagen. Authentisch sein, ist nicht gleichbedeutend mit perfekt sein. Wir müssen keine „Ober-Ökos" sein, um umweltpädagogisch arbeiten zu können. Wir müssen uns aber mit unseren eigenen Einstellungen zur Natur, unserem ökologischen Denken und Handeln auseinandergesetzt haben. Ein Umweltpädagoge, der mit den SchülerInnen die Schädlichkeit des Verkehrs bearbeitet, darf durchaus selbst noch Auto fahren – er muß sich aber ernsthaft mit diesem Handeln auseinandersetzen. Kinder und Jugendliche lernen manchmal mehr aus den Zweifeln und der Selbstkritik der Pädagogen als durch wohlformulierte Absichtserklärungen, die vielleicht im Gegenteil eher erdrückend als motivierend wirken.

Ökologisches Handeln ist für den einzelnen in dieser (wie auch wahrscheinlich jeder anderen Gesellschaft) nicht vollständig lebbar. Nicht die Perfektion, sondern der Weg und die Auseinandersetzung mit den ökologischen Folgen des eigenen Handelns sind anzustreben.

Sich Zeit lassen

Die Öffentlichkeit und die Politik betrachten Pädagogik oft als eine Art gesellschaftliches Antibiotikum. Obwohl Krisenverläufe sich langfristig abzeichnen, wird von Seiten der Medien und des Staates erst dann reagiert, wenn die Krise nicht mehr zu übersehen ist (man denke an den Umgang mit rechtsorientierten Jugendlichen). Dann wird nach pädagogischen Maßnahmen gerufen mit der Auflage, das Problem schnell in den Griff zu bekommen. „Ein Demokrat in 4 Wochen", „Gesund-Ernähren in 12 Abendkursen", „Das Öko-Kind in drei Projekten" – dieses sind Erwartungen, die die Pädagogik nicht annehmen kann und nicht annehmen darf. Pädagogik wirkt langfristig und nicht in eindeutig prognostizierbarer Weise. Pädagogik muß seine äußerst wichtige Bedeutung für das Leben von Kindern und Jugendlichen betonen. Sie muß ihre Möglichkeiten aber auch ihre Grenzen aufzeigen und damit falsche Erwartungen zurückweisen. Sie wirkt eben nicht „antibiotisch", sondern eher „homöopatisch" – langsam, auf die vorhandenen Widerstandskräfte bauend.

Pädagogik muß und kann sich nur als eine Pädagogik der Langsamkeit konstituieren!

Unsere Zukunft ist offen

Umwelterziehung ist lange Zeit von einem geschlossenen Zukunftsbegriff ausgegangen. Die Gegenwart wurde einfach in die Zukunft hinein verlängert – ökologische Lösungen schienen dann aufgrund gegenwärtiger Erfahrungen formulierbar.

Diesem linearen Denken steht die Annahme der Offenheit und Nicht-Vorhersehbarkeit der Zukunft entgegen. Wir können heute nur begrenzt Voraussagen für die Zukunft machen, und wir können jetzt keine klaren Lösungen finden. Es geht heute vielmehr darum, Utopien zu entwickeln und für das gegenwärtige Handeln fruchtbar zu machen.

In einer Zeit, in der Zukunft immer weniger voraussagbar wird, in der gesellschaftlicher Wandel sich immer schneller und grundsätzlicher vollzieht, muß Pädagogik neue Fragen stellen. Es geht nicht mehr darum, konkrete Fertigkeiten, die Kinder in späteren Jahren haben müssen, zu antizipieren und heute einzuüben. Vielmehr ist es notwendig, Grundqualifikationen zu finden, die es den Kindern ermöglichen, heute und später selbständig zu Lösungen zu gelangen. Damit rücken andere Fragen in den Vordergrund pädagogischer Diskussion: Welches Menschenbild liegt unserer

Pädagogik zugrunde? Welche Werte sind wichtig, und sollen diese auch den Kindern wichtig werden? Wie soll das Zusammenleben von Menschen, d.h. auch von Kindern und Erwachsenen aussehen? (Kupffer macht die Rechtsstellung des Menschen in der Gesellschaft zum Ausgangspunkt seiner Pädagogik, vgl. 1980, S. 19.)

Für Umweltpädagogik erfordert diese offene Zukunftsorientierung ein Konzept, das auf einem offenen und selbstbestimmten Menschenbild basiert. Sie will Menschen in die Lage versetzen, verantwortungsbewußt im Verhältnis zur Natur, zu andern Menschen und zu sich selbst zu handeln. Gleichzeitig muß sie darauf vertrauen, daß Menschen, die über ökologische Sensibilität, ökologisches Wissen und ökologische Handlungsfähigkeit verfügen, später Entscheidungen im Sinne aller Beteiligten treffen werden. Eine Umweltpädagogik, die erkannt hat, daß die Zukunft offen und nicht planbar ist, kann nur noch Grundlagen für ökologische Einstellungen, Haltungen, Sensibilität, Verantwortungsbewußtsein, Handlungsfähigkeit und ökologisches Wissen schaffen – handeln und entscheiden müssen und werden die einzelnen Menschen später selbst.

Pädagogik heißt immer auch Vertrauen in die nachfolgende Generation haben und in diesem Vertrauen loslassen können.

Umweltpädagogik ist in erster Linie Pädagogik und muß sich folglich auch zuallererst an pädagogischen Prinzipien orientieren. Sie ist damit keine Fachdidaktik, sondern die Suche nach ganzheitlichen Lebensformen. Nur so kann sie langfristig Erfolge verzeichnen.

2. Die Suche nach Ansatzpunkten für Umweltpädagogik – Kinderleben in Betonwüsten und Naturnischen

Um Ansatzpunkte für Umweltpädagogik mit Kindern und Jugendlichen zu finden, müssen wir die Lebenssituationen der Zielgruppe kennenlernen. Wenn PädagogInnen Umweltpädagogik mit Kindern und Jugendlichen konzipieren, aber kaum etwas darüber wissen, wie und wo sie dieser Natur begegnen, bleibt die Prämisse „Kinder und Jugendliche dort abzuholen, wo wie stehen" lediglich eine leere Hülse. Das Wie und Wo der Naturbegegnung von Kindern und Jugendlichen bildet daher den Ausgangspunkt für Umweltpädagogik.

ErzieherInnen und LehrerInnen neigen dazu,

- die Naturerfahrungen ihrer eigenen Kindheit auf die Erlebnismöglichkeiten heutiger Kinder zu übertragen.

Hilgers weist darauf hin, daß Kinder die gegebene Natur als normgerecht erleben. „*Diejenige Umweltzerstörung, die die Eltern noch durch Erinnerung an einen anderen Zustand betrauern und als nicht normal empfinden, erleben ihre Kinder bereits als Normwelt. Unseren Kindern vermittelt sich diejenige Umwelt als normgerecht, die sie jeweils vorfinden, unabhängig vom Grad ihrer Zerstörung.*" (Hilgers 1987, S. 30) Welche Natur erleben heutige Kinder als „normal"?

- ihre Erwachsenen-Wahrnehmung der Natur durch einfache Übertragung auf kindliches Niveau zu reduzieren.

Umwelterziehung

- geht daher häufig von einer Natur aus, die Kinder und Jugendliche heute so nicht mehr erleben können,
- betrachtet Kinder und Jugendliche oft lediglich als „einfachere Erwachsene", ohne spezifisch kindlichen und jugendlichen Lebens- und Erfahrungsformen Rechnung zu tragen.

Umweltpädagogik dagegen beginnt damit, die konkreten Lebenswelten der jeweiligen Zielgruppe kennenzulernen.

2.1. Strukturelle Einflüsse auf das Naturerleben von Kindern und Jugendlichen

Das Naturerleben von Menschen ist durch lokale, zeitliche, kulturelle und andere Faktoren bestimmt. Es kann daher nicht von dem Naturerleben als solchem gesprochen werden, sondern dieses muß jeweils vor Ort für jede Gruppe wieder neu geklärt werden.

Trotzdem lassen sich gewisse strukturelle Gemeinsamkeiten feststellen, die das Naturerleben heutiger Kinder und Jugendlicher wesentlich mitbestimmen.

Autos

„Alptraum Auto" heißt eine Foto-Ausstellung, die die Gesellschaft für sozialwissenschaftliche und ökologische Forschung e.V. aus München zusammengestellt hat (vgl. das Begleitbuch: Bode/Hamberger/Zängl 1986). Hier wird in eindrucksvollen Bildern und Texten dargestellt, wie sich das städtische und ländliche Leben durch das Auto (eine gerade 100jährige Erfindung) grundlegend geändert hat. Die Folgen der Auto-Gesellschaft sind sowohl für die Natur als auch für den Menschen und sein Leben katastrophal (vgl. Meyer 1991).

Kinder und Jugendliche sind als (Noch)-Nicht-Autobesitzer in einer autozentrierten Gesellschaft besonders betroffen:

- Kinder leiden besonders unter der Luftverschmutzung. Durch ihre Körpergröße sind sie zudem in viel stärkerem Ausmaß den Auspuffgasen ausgesetzt als Erwachsene.
- Kinder und Jugendliche sind durch den Verkehr im selbständigen Erkunden ihrer Umwelt behindert. Die große Zahl der Unfallopfer (unter denen ein erschreckend hoher Anteil an Kindern ist) führt seitens der Erwachsenen zu Verboten und zur Einschränkung des kindlichen Bewegungsradius.
- Obwohl der Lebensraum Straße für Kinder und Jugendliche eine wichtige und beliebte Begegnungsstätte war und zum Teil immer noch ist, wird dieser zugunsten des Ausbaus von Straßen und Parkraum zunehmend zurückgedrängt.
- Die Mobilität durch das Auto bestimmt gesellschaftliches Leben heute in allen Bereichen (bis hin zur stadtplanerischen Trennung von Berufs- und Schlafstädten). Dieses schließt Kinder und Jugendliche, die über diese Mobilität noch nicht selbständig verfü-

gen können, aus vielen Bereichen des gesellschaftlichen Lebens aus und verschärft die Sozialisationsprobleme heutiger Jugendlicher.

Das Auto ist aber auch für Kinder und Jugendliche schon in hohem Grad positiv besetzt. Das Auto als liebstes Spielzeug, das Auto als Statussymbol (vgl. Spitzer 1986), der Führerschein als Pubertätsritus – all dies deutet auf die hohe Bedeutung, die Autos auch für die (Noch-)Nicht-Autofahrer in unserer Gesellschaft heute haben, hin.

Für viele Familien stellt das Auto die scheinbar notwendige Verbindung zu Naturräumen dar. Man „fährt“ zum Spaziergang in den Wald, in den Zoo oder zum naturnahen Anbau in den eigenen Schrebergarten.

Inselerleben

Eine Folge, die mit der Verkehrsentwicklung in engem Zusammenhang steht, ist die „Verinselung der Lebensräume“ (vgl. Rolff/Zimmermann 1990, S. 138).

Vor allem in den Städten erleben Kinder und Jugendliche eine Parzellierung durch Straßenverkehr, Verbotsräume und Hinweisschilder. Ihr Leben spielt sich auf Inseln ab, die monofunktional unterschiedlichen Verrichtungen zugeordnet sind (Einkaufsort, Kindergarten, Schule, Spielort, Freizeitaktivitäten, Verwandte, Disko, Schwimmbad etc.). Eine Verbindung zwischen diesen Orten geschieht in der Regel motorisiert. Das erste eigene Fahrrad, das erste Mofa, Moped oder Auto hat für Kinder und Jugendliche eine über den Besitz dieses Gegenstandes hinausgehende Bedeutung. Es ermöglicht ihnen selbständige Kommunikation (mit Freunden, Verwandten, etc.), die vorher aufgrund der nicht vorhandenen Mobilität unmöglich war.

Gerade für Kinder im Vorschulalter sind eigenständige Streifzüge in die nähere Umgebung ohne beaufsichtigende Erwachsene immer weniger möglich. Dieses widerspricht dem kindlichen Wunsch, sich seine Umgebung in immer größer werdenden konzentrischen Kreisen, deren Ausgangspunkt die elterliche Wohnung ist, anzueignen (vgl. Rolff/Zimmermann 1990, S. 137 ff).

Eine Folge dieser Verinselung ist der Trend vieler Kinder, sich verstärkt in der Wohnung aufzuhalten. Das Spielen im Freien ist in den letzten Jahren immer mehr zurückgegangen. Die zunehmende Umweltverschmutzung (Ozonwarnungen, Chemieunfälle, Gifte auf Spielplätzen und nicht zuletzt Tschernobyl) läßt viele Eltern diesen Trend unterstützen. Neben der Tatsache, daß dies zu veränderten kindlichen Sozialgefügen führt (kleine statt große Spielgruppen, verabredete statt spontane Treffen etc.), verringert dies auch die Begegnung mit Natur.

Ältere Kinder versuchen trotz der städtischen Einschränkungen, ihr Bedürfnis nach „Inbesitznahme" der näheren Umgebung umzusetzen, indem sie sich auf öffentlichen Plätzen (Spielplatz, Park, Parkplatz, Denkmal etc.) treffen, in Kaufhäusern mit den Rolltreppen spazieren fahren, die Drehtüren als Spielmöglichkeit entdecken etc.

Zeitempfinden

Kindern, Jugendlichen, aber auch vielen Erwachsenen ist das Gefühl für ihre historische Einbindung verloren gegangen. Ihnen fehlen zunehmend ein Bewußtsein für ihre Vergangenheit und Träume für ihre Zukunft. Damit sind nicht fehlende Geschichtskenntnisse von Kindern und Jugendlichen gemeint, sondern es geht um die Verortung des eigenen Selbst in einem langfristigen zeitlichen Rahmen.

Vergangenheit wird vor allem über Personen vermittelt. Für Kinder und Jugendliche ist dabei die eigene Familie der „rote Faden" für ihr eigenes Leben. Wie und wo haben Oma und Opa gelebt? Mit was haben die Eltern gespielt? Was möchte ich später erleben? Diese Fragen sind für Kinder und Jugendliche wichtig. Können sie nicht gestellt werden, werden Kinder immer mehr zu geschichtslosen Wesen. Ökologische Lebensweisen beruhen aber gerade auf dem Bewußtsein einer eigenen Vergangenheit und einer erwünschten Zukunft. Umweltpädagogik muß daher auch biographische Arbeit beinhalten.

In engem Zusammenhang damit steht die Entwicklung, daß der Lebensalltag vieler Kinder vor allem von kurzlebigen Ereignissen geprägt ist. Erfolgreich ist, was schnell zu Ergebnissen führt. Als interessant wird ein schneller Wechsel von Entspannung und Anspannung empfunden (wie es die „klassische" Kinderserie „Sesamstraße" nur zu gut vorführt). Vielen Kindern ist Natur, die durch lange Zyklen geprägt ist, zu langsam. Nichtmenschlich agierende Tiere (wie sie die Kinder aus den Fernsehfilmen nicht kennen) bieten Kindern keine Faszination.

Vor allem städtische Kinder und Jugendliche können nur schwer ein Interesse an der Langsamkeit entwickeln. Gerade dieses sollte Umweltpädagogik aber wecken. Um dem „Zeitraffer-Bedürfnis" entgegenzuarbeiten, muß Umweltpädagogik den Kindern Räume bieten, in denen langsame Prozesse als wertvoll erfahren werden können. Sie tritt damit dem Bedürfnis nach schnellen Lösungen (wie es gerade in Zeiten gesellschaftlicher Umbruchprozesse immer wieder an die Pädagogik herangetragen wurde und wird) entgegen.

Ausrichtung auf produktorientierte Wahrnehmung

Kinder und Jugendliche haben gelernt, fertige Produkte zu nutzen. Das, was sie brauchen, kaufen sie, nutzen es und werfen es, wenn kaputt oder unmodern, weg. Immer mehr Dinge werden nur noch als ganzes unter funktionsorientiertem Anspruch wahrgenommen und nicht mehr als Zusammenspiel vieler Einzelteile, deren andere Zusammensetzung ein vielleicht gänzlich anderes Bild ergeben würde.

Schon Kinder erleben Bestätigung vor allem für fertige Produkte. Nicht die Prozesse, die Mühe, der Spaß, die Spannung, die Ängste und Umwege, die bei der Herstellung des Produkts erlebt wurden, stehen im Mittelpunkt der Rückmeldung Erwachsener, sondern erst das fertig gemalte Bild, der möglichst perfekt dargestellte Gegenstand.

Besonders bemerkenswert ist diese kindliche Haltung hinsichtlich des Ernährungsbewußtseins. Viele Kinder und Jugendliche wissen nicht mehr, was sie essen. Solange Nahrungsmittel lediglich fertige Produkte sind, die in Kaufhäusern gekauft werden, können Kinder und Jugendliche auch keinen Bezug zu gesunden Ernährungsformen finden. Gift in der Nahrung bleibt für sie ein abstraktes Thema, das sie allenfalls in der Schule theoretisch behandeln.

Natur unter funktionalem Aspekt

Auch die Naturräume, die sich in den Städten noch finden, werden vor allem unter funktionalen Gesichtspunkten betrachtet: Was haben wir von ihnen?

Hoch im Kurs liegen Naturräume, die Erlebnis- und Erholungsmöglichkeiten bieten (Parks, Tiergehege, Wälder, Spielplätze, Freizeitstätten etc.). Hier werden in der Regel ästhetische bzw. konsumorientierte Aspekte umgesetzt, die nur wenig mit ökologischen Kriterien zu tun haben.

Ähnlich verhält es sich mit der gestalteten Pseudonatur, die als gepflegtes ästhetisches Moment der „Verschönerung“ dient (pflegeleichte oder repräsentativ gestaltete Vorgärten, Einheits-Blumenkästen, nicht zu betretende Parkrabatten etc.).

Als wertlos und damit auch nicht schützenswert wird dagegen die nicht angelegte „Restnatur“ betrachtet (verwilderte Restgrundstücke, auf denen das Betreten für Kinder meist verboten ist; der Löwenzahn, der sich aus den Betonritzen kämpft; die Spinne im Zimmer etc.).

Diese Einteilung von Natur nach Wertmaßstäben wie „gut“ und „schlecht“ unterstützt bei Kindern und Jugendlichen eine Konsumhaltung gegenüber Pflanzen und Tieren. Achtung und Ehrfurcht vor ökologischen Systemen sowie Neugier darauf werden kaum angeregt und gefördert.

Zusammenfassend kann man feststellen: die Lebenswelten, in denen Kinder (aber auch Jugendliche und Erwachsene) heute leben, begünstigen eine naturferne Lebensweise. Selbständige und selbstverständliche Naturbegegnungen sind im Lebensalltag vieler Kinder nicht mehr „natürlich“ vorhanden, sondern müssen bewußt wiederhergestellt werden.

2.2. Orte der Naturbegegnung

Gespräche über Naturerleben und Naturbegegnung gehen in der Regel davon aus, daß alle Beteiligten den Begriff „Natur“ gleich verwenden – die Beteiligten reden dann nicht selten aneinander vorbei.

Erwachsene hängen häufig einem romantisierenden Naturbegriff nach. Natur ist für viele „unberührte Natur“. Darin stimmen sie mit einem naturwissenschaftlichen Verständnis überein, das Natur versteht als die „Gesamtheit der nicht vom Menschen geschaffenen belebten und unbelebten Erscheinungen“ (Akademie für Naturschutz und Landschaftspflege 1991, S. 70).

In dieser Form tritt uns Natur im stadtnahen Raum kaum entgegen. Hier treffen wir eher auf anthropogene, also von Menschen geschaffene und in diesem Sinne naturferne Räume. Für Umweltpädagogik, die besonders in städtischen Räumen von Bedeutung ist, benötigen wir einen Naturbegriff, der den Menschen und seine Tätigkeit miteinbezieht (vgl. Kerber-Ganse 1988, S.13).

Erweitern wir dagegen den Naturbegriff auf gestaltete Naturräume, lassen sich Orte der Naturbegegnung überall finden. Sie sind nicht mehr auf vermeintlich intakte Naturräume an Stadträndern begrenzt, sondern lassen sich auch in städtischen Ballungsräumen verorten. Und genau diese spielen in der alltäglichen Umweltpädagogik mit Kindern und Jugendlichen eine herausragende Rolle.

Natur ist überall – auch in der Stadt. PädagogInnen, die diesen Satz zugrunde legen, werden es leicht haben, Natur in der Stadt zu entdecken:

- Der Wind, die Temperatur, die Luftfeuchtigkeit, Regen, Sonne, der Geruch der Straße.
- Der Baum im Hof, der Löwenzahn zwischen den Straßenplatten, die Büsche im Vorgarten, die Balkonkästen.
- Die Enten im Park, der Regenwurm im Garten, die Ohrwürmer unter den umgedrehten Steinen, der Marienkäfer auf der Nase.
- Das Singen der Vögel, das Maunzen der Katze, das Rauschen des Regens, das Pfeifen des Windes, die Stille, die einem verkehrsverlärmten Tag folgen mag.

Diese Aufzählung kann weitergeführt werden. Je nach Jahreszeit, Ort, Stimmung etc. wird sie anders aussehen. Daher sind auch die Orte der Naturbegegnung vielfältig und ständig wechselnd.

Natürlich gibt es auch die „großen Natur-Erlebnisorte“ wie den Wildpark, das Tiergehege, den Waldausflug und vieles mehr. Beides hat als Ausgangspunkt umweltpädagogischer Arbeit seine Bedeutung. Da die nahe Natur für Kinder und Jugendliche aber die einzige ist, die selbständig erreicht werden kann, sollten UmweltpädagogInnen gerade die „kleinen Naturorte“ beachten und in ihrer alltäglichen Arbeit nutzen!

Wir müssen die Natur im Alltag der Kinder und Jugendlichen – und auch in unserem Alltag – neu entdecken. Nicht die „große Natur“, sondern die „alltägliche Natur“, die uns umgibt, ist Ausgangspunkt umweltpädagogischer Arbeit.
Darüber hinaus müssen wir versuchen, diese täglich erlebbare Natur im Alltag der Kinder und Jugendlichen stärker präsent zu machen. Begrünung von Innenhöfen, Veränderung von Parkanlagen und Plätzen, Einschränkung des Autoverkehrs, um Kindern gefahrlose Erkundungen der Umgebung zu ermöglichen – auch das ist Umweltpädagogik.

2.3. Wie erleben Kinder und Jugendliche Natur?

Neue Konzepte der Umweltpädagogik haben in den letzten Jahren der Erkenntnis Rechnung getragen, daß Naturbegegnung nur ganzheitlich erfolgen kann. Jeder Lernprozeß ist durch einen kognitiven, einen emotionalen und einen aktionalen Anteil gekennzeichnet. Alle drei Erlebnisebenen haben bei der kindlichen und jugendlichen Naturbegegnung einen Anteil.

Während Erwachsene beim Lernen ihren Schwerpunkt oft auf die kognitive Ebene legen, lernen Kinder zunächst vor allem über ihr eigenes Handeln und Fühlen, Begreifen und Aneignen. Das Wissen um Naturphänomene und -zusammenhänge steht im kindlichen Lernprozeß eher am Ende. Am Anfang stehen Neugier, Spannung, Gefühle und vor allem sinnliche Wahrnehmungen.

An dieser Stelle sei nochmals auf den oben dargestellten Kernsatz von Umweltpädagogik erinnert:

Ich kann nur schützen, was ich liebe.
Ich kann nur lieben, was ich kenne.
Ich kann nur kennen, was ich wahrnehme.
Ich nehme nur wahr, was für mich Bedeutung hat.

In allen Altersgruppen ist die Wahrnehmung von Natur die Grundlage für ökologisches Handeln. Vor allem die Umweltpädagogik mit Kindern beginnt mit der Unterstützung von Wahrnehmungsprozessen. Aber auch in der Arbeit mit Jugendlichen bzw. SchülerInnen und auch bei vielen Erwachsenen muß Naturwahrnehmung am Anfang stehen. Wenn wir uns die Zielgruppen unserer pädagogischen Arbeit genau anschauen, werden wir häufig feststellen, daß die Basis des weiteren Umweltlernens – eine emotionale und positive Beziehung zur Natur – gar nicht vorhanden ist. Daher ist auch in der Schule bzw. Jugendarbeit eine Unterstützung der Wahrnehmungsfähigkeit oft der erste Schritt. In der Kindheit nicht Erlebtes muß zum Teil hier nachgeholt werden. In welchem Maß das geschehen kann und muß, ist abhängig von der jeweiligen Zielgruppe.

Die folgenden Stichworte charakterisieren zentrale Aspekte der Art und Weise kindlicher Naturwahrnehmung:

Sinne und Natur

Die Begegnung mit der Natur erfolgt nicht primär über den Kopf (obwohl auch kognitive Strukturen bei der Wahrnehmung eine wichtige Rolle spielen), sondern vor allem über unsere Sinne. Die PädagogInnen von Reggio Emilia, für die Wahrnehmung eine zentrale Rolle spielt, betonen die ganzheitliche Form menschlicher Wahrnehmung. „*Wahrnehmen ist mehr als nur ein Reagieren der Augen auf Reize. Es ist ein aktiver Vorgang, in dessen Prozeß sich das Kind mit all seinen Sinnen seine Umwelt aneignet, die Welt für sich persönlich neu ‚erschafft'. Der Einsatz aller Sinne, wie Sehen, Hören, Tasten, Riechen und Schmecken, verstärkt das Erleben, Erforschen, Lernen und Verstehen. Für das Kind ist das Wahrnehmen ein In-Beziehung-Setzen zwischen Gegenstand, Menschen und persönlicher Erfahrung.*" (Hermann et al. 1989, S. 25) Daher muß Umweltpädagogik vor allem die Entwicklung der Sinne und die Schulung der Wahrnehmung zum Gegenstand haben.

Vor allem die Psychomotorik betont die Bedeutung, die sinnliche Welterfahrungen für die Entwicklung von Kindern haben. Die Umwelt wahrnehmen und begreifen heißt für Kinder, sich zu bewegen und zu fühlen. Im Gegensatz zur „Förderpädagogik" der 70er Jahre, in der durch kognitiv ausgerichtete Schulungsprogramme Kinder immer mehr, immer früher und immer schneller lernen sollten, wird heute erkannt, daß kognitives Lernen und damit ein großer Teil schulischen Lernens erst dann möglich ist, wenn Kinder in intensiven Sinneserlebnissen sich selbst in der Auseinandersetzung mit der Umwelt erlebt und erprobt haben.

Diese sinnliche Auseinandersetzung mit Natur und Umwelt ist heute vor allem bei Stadtkindern sehr einseitig. Viele Kinder erfahren die Welt primär durch optische und akustische Sinneseindrücke. Besonders das Fernsehen unterstützt die Tendenz der Visualisierung von Informationen (vgl. Postman 1983, S. 92ff.). Möglichkeiten zur Bewegung und zum selbständigen Erfahren, Ruhe zum Fühlen, zum Riechen, zur Wahrnehmung und Verarbeitung der mit Naturbegegnung einhergehenden Gefühle haben viele Kinder kaum noch.

GrundschullehrerInnen stellen heute vor allem bei Stadtkindern große Defizite in der kognitiven Entwicklung fest (neben der Lese- und Rechtschreibschwäche wird in letzter Zeit immer häufiger eine Rechenschwäche diagnostiziert), die einhergehen mit Störungen in der motorischen Entwicklung. Sinnliche Wahrnehmungen – vor allem in der Begegnung mit der Natur – sind Grundbedürfnisse von Kindern. Klettern, Schaukeln, Sich-Fallenlassen, Wasser und Luft auf der Haut fühlen – dieses sind Erfahrungen, in denen die Kinder ein Gefühl für sich selbst und ihre Verbindung zur Umwelt erwerben. Es sind gleichzeitig Erfahrungen, die eine Voraussetzung für späteres schulisches Lernen darstellen. Kinder, die durch ein entfremdetes Verhältnis zum eigenen Körper kein Raumgefühl entwickelt haben, sind nur schwer in der Lage, mathematische Zusammenhänge zu erfassen. Kinder, die keine Beziehung zur Natur aufbauen können, verlieren auch die Beziehung zu sich selbst.

Hier wird deutlich, daß Umweltpädagogik nicht nur dem Ziel „Erhaltung der Natur" dient, sondern auch für jedes Kind eine individuelle Bedeutung für die eigene Entwicklung hat!

Sprache und Natur

Bekannt ist das, wofür wir Namen besitzen. Damit spielt die Sprache auch in der Entwicklung der Wahrnehmung eine bedeutende Rolle, sie bestimmt die Zuordnung von Wahrnehmungen in gleichzeitig immer differenziertere und globalere Objektklassen (vgl. Lindesmith/Strauss 1974, S. 202ff.; Zitzelsperger 1991, S. 143ff.).

Kinder und Jugendliche konzentrieren ihre Wahrnehmungen auf Bereiche, für die sie Begrifflichkeiten kennen. Während die Kinder der Inuit (Eskimos) viele verschiedene Tönungen der Farbe Weiß wahrnehmen und benennen können (vgl. Lindesmith/Strauss 1974, S. 198ff.), haben deutsche Kinder eine relativ differenzierte Begriffsbildung von Auto- oder Spielzeugmarken, während sie bezüglich ihrer Naturwahrnehmung mit relativ groben Begriffsklassen arbeiten.

Unter diesem Aspekt muß dem Sprachverhalten der PädagogInnen auch in umweltpädagogischer Hinsicht mehr Bedeutung zugestanden werden. Kinder brauchen nicht nur Arme, die sie auffangen, sondern auch Menschen, die mit ihnen sprechen. PädagogInnen müssen zwar nicht über ein dezidiertes Fachwissen, aber doch über eine sprachliche Ausdrucksvielfalt bezüglich verschiedener Naturräume verfügen.

Naturerfahrung aus zweiter Hand

Auch Umweltwissen haben viele Kinder heute nicht mehr durch eigene Erfahrungen, sondern lediglich medial vermittelt erworben.

Problematisch sind dabei weniger die Inhalte, als vielmehr die Art der Aneignung selbst. Die inszenierte Fernsehwelt tritt den

Kindern gegenüber. Letztere stehen rein konsumierend außen und sind kein handelnder Teil von ihr. Kinder erleben Fernsehbilder als fertiges Produkt, das seine Deutungsmuster immer schon mitliefert (vgl. Rolff/Zimmermann 1990, S. 126).

Unterschwellig erzeugen viele Kinderserien eine Konsumorientierung gegenüber Natur. Natur dient als Kulisse für kindliche Abenteuer oder für Werbung. Die Grundstruktur des Fernsehens, durch die Wirklichkeit fragmentiert wird, Handlungshöhepunkte zusammengestellt werden und Geschwindigkeit zum Ideal in vielen Lebensbereichen erhoben wird, während gleichzeitig der eigene Körper passiv verbleibt, verändert die Raum-Zeit-Wahrnehmung der Kinder (vgl. Feldmann 1990, S. 24ff.).

Umweltbildung durch das Fernsehen ist aber nicht rundweg abzulehnen. Das Fernsehen vermittelt Informationen und produziert bzw. verstärkt Norm- und Wertgefüge bei den Zuschauern. Entscheidend ist die Eingebundenheit von Fernsehbotschaften in eigene Erfahrungswelten der Kinder. Wenn Kinder Frösche in der Natur erlebt haben, kann ein Film über Frösche wichtige zusätzliche Informationen bieten.

UmweltpädagogInnen müssen Kinder in ihrer Wahrnehmungsfähigkeit fördern sowie ihre Naturwahrnehmungen begleiten und unterstützen. Dieses sollte Teil des alltäglichen Verhaltens von PädagogInnen in allen Bereichen sein:

- **kognitiv/sprachlich: Naturwahrnehmungen und Naturzusammenhänge müssen in der Alltagskommunikation immer wieder in Worte, Texte oder Bilder gefaßt werden.**
- **emotional/sinnlich: Eine Umweltpädagogik, für die eine ganzheitliche Wahrnehmung bedeutsam ist, muß sich darum bemühen, alle Sinne miteinzubeziehen und die mit den Wahrnehmungen verbundenen Gefühle wie Ängste und Ekel, aber auch Freude und Spannung mitaufzugreifen.**
- **handelnd/direkt: Kinder müssen die Natur durch Handeln und Begreifen direkt erfahren. Kindermedien über Natur können durchaus sinnvoll sein, sie dürfen aber nicht die Haupt-Erfahrungswelt der Kinder bleiben.**

2.4. Lassen sich biographische Erfahrungen übertragen? – Ein Vergleich zum Nachdenken

Zum Abschluß soll ein Vergleich zwischen den Naturerfahrungen von Erwachsenen und Kindern verdeutlichen, wie problematisch es ist, wenn die eigene Biographie als alleiniger Maßstab für Umweltpädagogik genommen wird.

Das folgende Beispiel ist nicht repräsentativ. Es soll beispielhaft biographische Unterschiede verdeutlichen. Hier werden die Naturerfahrungen eines uns bekannten Kindes aus dem städtischen Raum und die einer der Autorinnen einander gegenübergestellt. Allein dieser Vergleich ermöglicht ein Verständnis für die Unterschiede im Verhältnis zur Natur dieser beiden Menschen.

	Jasmin, ein 5jähr. Stadtkind 1993	**Autorin im Alter von 5 Jahren, (ebenfalls Stadtkind) 1953**
Wie beeinflußt der Straßenverkehr den Erkundungsdrang?	Spiel auf der Straße ist wegen des Verkehrsaufkommens kaum möglich	Ball-, Kippel-Kappel-, Lauf- und Versteckspiele und Rollschuhfahren auf der Straße möglich
Wo wird draußen gespielt?	auf dem Spielplatz, im Park, in Freizeitparks	auf der Straße, auf einer Wiese, auf verwilderten Restgrundstücken
Wo wird Natur alleine erlebt?	auf dem Balkon, im Vorgarten, auf der Grünfläche während des Schulweges	im Schrebergarten, auf dem Hinterhof, im stillgelegten Bahngelände
Welche und wieviele Medien werden genutzt?	Fernsehen, Computer, Comics, Gameboy und Videospiele mehrere Stunden täglich	Radio, Bücher, Comics
Wer hat Zeit für mich?	Mutter und Bruder/Schwester, Vater selten, Freunde nach (meist telefonischer) Verabredung	Mutter, Großeltern, zwei Geschwister, Tante, Lehrer, Freundin, Nachbarin
Wer bestimmt über meinen Tagesablauf?	vorwiegend andere	meine Eltern und ich

Welche Kriterien bestimmen den Tagesablauf?	Kindergarten, Vereinsveranstaltungen, Fördermaßnahmen, Fernsehprogramm, organisierte Hobbies	Kindergarten, Arbeitszeit des Vaters, Essenszeiten

Versuchen Sie sich jetzt daran zu erinnern, wie Sie in den verschiedenen Altersstufen Natur erleben konnten. Wie beeinflußte der Straßenverkehr Ihren Erkundungsdrang? Wo haben Sie draußen gespielt? Wo haben Sie Natur alleine erleben können? Wer hatte Zeit für Sie? Konnten Sie über Ihre Zeit selbst bestimmen? Wie sah Ihr Tagesablauf aus? Besuchten Sie den Kindergarten? etc.

Folgende **Kopiervorlage** ermöglicht Ihnen Ihren persönlichen Biographievergleich. Sie werden feststellen, daß auch zwischen Ihren Erfahrungen und denen der heute 5jährigen Kinder große Unterschiede bestehen.

	5jähriges Kind	**LeserIn im Alter von 5 Jahren (also: 19...)**
Wie beeinflußt der Straßenverkehr den Erkundungsdrang?		
Wo wird draußen gespielt?		
Wo wird Natur alleine erlebt?		
Welche und wieviele Medien werden genutzt?		
Wer hat Zeit für mich?		
Wer bestimmt über meinen Tagesablauf?		
Welche Kriterien bestimmen meinen Tagesablauf?		

Vergleichen Sie Ihre Erinnerungen mit den Lebenswelten heutiger Kinder und Jugendlicher – Ihrer Zielgruppe. Sie werden Gemeinsamkeiten und Unterschiede finden, die zu einem tieferen Verständnis für die Einstellung und Handlungen heutiger Kinder bzw. Jugendlicher beitragen können.

Beim Vergleich zwischen diesen Lebenswelten werden Veränderungen in der Naturbegegnung auf zwei Ebenen deutlich:

- Zum einen lassen sich strukturelle Veränderungen beschreiben, die auf alle Kinder und Jugendlichen Einfluß haben;
- Zum anderen fallen individuelle Unterschiede auf, die beispielsweise davon abhängen, ob jemand auf dem Land oder in der Stadt aufgewachsen ist, ob ein Garten vorhanden war oder nicht, ob Erwachsene da waren, die neugierig machen konnten etc.

Wie kann man strukturelle Unterschiede, die sich in den letzten Jahren im Naturerleben von Kindern und Jugendlichen herausgebildet haben, zusammenfassen? Statistiken belegen die Zunahme des Autoverkehrs und die höhere Luftverschmutzung, Umfrageergebnisse können veränderte Wertvorstellungen verdeutlichen. Die Betrachtung einzelner Veränderungen zeigt aber nur Ausschnitte einer gesamtgesellschaftlichen Tendenz des Wandels von Umwelterfahrungen.

Folgende Entwicklungslinien, die von Rolff und Zimmermann zusammengetragen wurden, scheinen uns sinnvoll, um auch die Veränderungen in der Naturbegegnung von Kindern und Jugendlichen zu beschreiben. Die beiden Autoren stellen bei ihrem Vergleich der Nachkriegskindheit mit der Kindheit der 80er Jahre ein verändertes Zeit- und Raumerleben bei Kindern fest (vgl. Rolff/Zimmermann 1990, S. 133ff.). Dieses läßt sich auf die von ihnen konstatierten veränderten Rahmenbedingungen von kindlicher Sozialisation beziehen, die gekennzeichnet sind durch

- Reduktion von Eigentätigkeit,
- Mediatisierung von Erfahrungen,
- Expertisierung der Erziehung (vgl. ebenda, S. 122).

Die Fortsetzung des oben vorgestellten Gedankenspiels zeigt die Veränderungen für die ausgesuchten Gruppen. Vergleicht man die Erfahrungen, die 5jährige Kinder 1953 (Autorin), 1978 (15jährige SchülerInnen) und 1993 (heutige Kinder) machen konnten, so ergeben sich hieraus für die einzelnen Bereiche bestimmte Entwicklungstendenzen. Damit soll ausdrücklich keine Wertung im Sinne von „früher war alles besser“ verbunden sein. PädagogInnen müssen die Veränderungen in den Erfahrungswelten sehen, nicht bewerten.

Bei diesem Vergleich muß zusätzlich berücksichtigt werden, daß PädagogInnen, die umweltpädagogisch arbeiten, häufig selbst in diesem Bereich engagiert sind und damit ein nicht-alltägliches Verhältnis zur Natur haben. Das erwachsene umweltpädagogische Engagement beruht in der Regel auf einem auch für die eigene Generation überdurchschnittlich intensiven Verhältnis zur Natur. Der Bruch zu den heutigen Lebensbedingungen von Kindern und Jugendlichen vergrößert sich dadurch bei engagierten UmweltpädagogInnen noch zusätzlich.

Unser Erfahrungsvergleich verdeutlicht folgende Entwicklungstendenzen:

Reduktion von Eigentätigkeit

Die Entwicklung zwischen 1953 und 1993 ist gleichzeitig durch zunehmende Komplexität und Reduzierung gekennzeichnet.

Auf der einen Seite handeln wir heute mit und in immer komplexeren Gegenständen und Systemen (technische Neuerungen, gesellschaftliche Mechanismen, soziale Bezüge). Auf der anderen Seite lassen sich diese hochkomplexen Abläufe durch immer einfachere Handlungen steuern (Fernbedienung, Vereinfachung der Bedienung technischer Geräte etc.). Damit vermindert sich die Eigenständigkeit, die dem einzelnen abverlangt wird. Sie geht immer weniger mit einem Verstehen der Abläufe einher, sondern beschränkt sich auf funktionale Nutzung.

Das Stichwort „Konsumorientierung“ umschreibt eine weitere Entwicklung, die eine Veränderung von Eigentätigkeit bedingt: Der Schwerpunkt liegt auch für Kinder heute mehr im Benutzen, weniger im Herstellen von Gegenständen, Spielen oder sozialen Zusammenhängen.

Mediatisierung der Umwelt

1953 standen nur in wenigen Haushalten Fernsehgeräte (meine Eltern haben ihren ersten Fernsehapparat erst gekauft, als ich 12 Jahre alt war). Einziges elektronisches Medium, das uns Kindern vertraut war, war das Radio – dieses wurde aber von den Eltern bedient.

1983, als die heute 15jährigen SchülerInnen 5 Jahre alt waren, gehörte dagegen der Fernsehapparat zum Standard in jeder Familie. Die tägliche durchschnittliche Fernsehdauer von Kindern zwischen 3 und 7 Jahren betrug 1978 schon 54 Minuten (vgl. Rolff/Zimmermann 1990, S. 77).

Für die 1992 lebenden 5jährigen Kinder hat sich diese Tendenz noch einmal erhöht. Fernsehen ist für viele Kinder zu einem Medium geworden, das sie selbst bedienen können – bis hin zu der Tendenz, daß immer mehr Kinder in ihren Kinderzimmern eigene Geräte stehen haben. Hinzu kommt die Möglichkeit, sich über Video eigene Filmwünsche zu erfüllen. Kinder haben zunehmend freieren Zugang zu den elektronischen Medien. Ein eigenes Cassettengerät gehört zur Standardausrüstung in den Kinderzimmern. Auch Computer sind vielen Kindern nichts Fremdes mehr.

Gerade bezüglich der Medienerfahrungen wird deutlich, wie stark sich die kindlichen Lebenswelten der heutigen PädagogInnen im Vergleich mit denen der heutigen Kinder verändert haben.

Expertisierung der Erziehung

Dieser Trend hat sich zwischen 1953 und 1993 enorm verstärkt. Im Zusammenhang mit veränderten Arbeitsbedingungen (und hier besonders der Zunahme der Frauenarbeit), veränderten Familienbedingungen (Zunahme der Alleinerziehenden) und veränderten gesellschaftlichen Anforderungen (Gruppenerziehung gilt mittlerweile als unverzichtbarer Sozialisationsfaktor) haben öffentliche Einrichtungen wie Kindergärten, Horte aber auch Jugendeinrichtungen einen immer wichtigeren Stellenwert erhalten. Auch Schulen nehmen mehr kindliche Zeit in Anspruch (betreute Grundschulen, Ganztagsschulen, Gesamtschulen etc.). Sie können allgemeinpädagogische Zuständigkeiten daher nicht mehr ausklammern.

Für Umweltpädagogik bedeutet dies, daß auch diese in immer größerem Maße zu einer wichtigen Aufgabe von ExpertInnen wird. Die Zugänge zur Natur werden längst nicht mehr vornehmlich in den Familien eröffnet, sondern die Gestaltung von Erfahrungsräumen ist zur Aufgabe der sekundären Sozialisationsinstanzen (Kindergärten, Horte, Schulen) geworden. Aufgabe pädagogischer Arbeit ist es auch, dieses zu ändern!

Strengere Zeitökonomie

„Zeit ist schematisierte, befristete und budgetierte Zeit – und wird auch als solche erfahren" (Rolff/Zimmermann 1990, S. 136). Ich, die ich 1953 fünf Jahre alt war, aber auch die SchülerInnen, die 1978 fünf Jahre alt waren, haben eine andere Zeit-Struktur erlebt als heutige Kinder. Die Entwicklungslinie vollzieht sich hin zu einer immer stärker geregelten Zeit. Zeit ist noch knapper geworden. Kinder müssen sich heutzutage permanent der durch Arbeitsrhythmus und Bewältigung der verschiedenen Lebensaufgaben

bestimmten Zeit anpassen. Stichworte hierfür sind: die zunehmende Berufstätigkeit beider Elternteile, alleinerziehende Mütter und Väter, weite Anfahrtswege zur Arbeitsstelle, Schwierigkeiten bei der Abstimmung zwischen Betreuungsangebot und Arbeitszeit etc. All dieses bedeutet für Familien, daß sie einen großen Teil ihrer Energie dafür aufwenden müssen, ihre Kinder „wegzuorganisieren“. Zeit für und mit Kindern bleibt nur in den Zeiträumen, die von anderen Aufgaben frei sind (meist nur wenige Viertelstunden am Abend, am Wochenende oder in den Ferien).

Dieses widerspricht den Bedürfnissen von Kindern. *„Zeit ist das Leben und das Leben wohnt im Herzen.“* Dieser Satz aus dem Klappentext von „Momo“ (Michael Ende) weist auf die Wichtigkeit von Zeit-Haben hin. Kinder wollen Unterstützung, Aufmerksamkeit und Zuwendung dann, wenn sie sie brauchen und nicht dann, wenn Erwachsene sie ihnen endlich geben können.

Räume

Zwischen 1953 und 1993 haben sich die Räume, in denen sich vor allem Kinder frei bewegen dürfen, extrem verengt. In der Stadt dürfen nur noch wenige Kinder ohne Aufsicht ihre Wohnungen verlassen. Unbeaufsichtigtes Spielen – und gerade hier findet selbständige kindliche Naturbegegnung statt – ist kaum noch möglich. Mitbestimmungsmöglichkeiten von Kindern und Jugendlichen bei der Gestaltung von Räumen sind kaum gegeben. Hier kommt Versuchen, neue Partizipationsmöglichkeiten für Kinder und Jugendliche zu eröffnen (wie sie z.B. im neuen Jugendförderungsgesetz in Schleswig-Holstein verankert sind; vgl. JuFöG, § 4), ein hoher Stellenwert zu.

Die hier deutlich werdende Notwendigkeit, konkrete Naturerfahrungen der Kinder und Jugendlichen zum Ausgangspunkt der umweltpädagogischen Arbeit zu machen, erfordert:

- **eine permanente Erkundung der Zielgruppe, mit der man arbeitet (Umweltpädagogik ist nicht als Rezeptpädagogik mit festen Ablaufregeln denkbar);**
- **die Reflektion eigener Naturerfahrungen (Hauptmedium der Umweltpädagogik ist der Pädagoge/die Pädagogin selbst. Das Wissen über eigene Stärken und Schwächen, Gefühle, Wissensstände und Sozialisationseinflüsse ist eine Grundvoraussetzung für die Arbeit).**

3. Der (un)heimliche Lehrplan – Umweltpädagogik kann nicht in zergliederten Räumen stattfinden

So wie Gebäude steingewordene Gedanken sind, so zeugen die Rahmenbedingungen, in denen Kinder leben, von den hier wirksam werdenden Lernmechanismen. Lernen findet nicht nur in den Beziehungen zwischen Menschen statt, sondern es hängt auch stark ab von den Bedingungen, unter denen sich diese Beziehungen entwickeln können.

Die gestaltete Lebenswelt, die sich in Räumen, Organisation, Zeitabläufen und anderen Strukturen niederschlägt, hat einen entscheidenden Einfluß darauf, was Kinder und Jugendliche lernen. Spätestens seit der Entdeckung des „heimlichen Lehrplans“ ist bekannt, daß dieser ein Grundmuster für das Erfahrungslernen der Kinder und Jugendlichen bildet, das sich zu den offiziell gewollten Lernzielen konträr verhalten kann.

In Schulen, Jugendeinrichtungen und Kindergärten ist dieser heimliche Lehrplan ausgesprochen unökologisch und damit aus umweltpädagogischer Sicht „unheimlich“. In didaktischen Einheiten sollen Kinder und Jugendliche lernen, ihre Welt ganzheitlich zu erfahren, Achtung vor Natur und Leben zu haben – in ihrem Alltag jedoch erleben sie in ihren Einrichtungen eine Zerstückelung und Mißachtung von Leben.

Dieses ist um so folgenreicher, als die alltäglichen Erfahrungen eine intensivere Wirkung im Weltbild und Erfahrungsraum von Menschen hinterlassen als einmalige Erlebnisse oder verbale Aussagen. Umweltpädagogik als pädagogisches Prinzip zu begreifen heißt daher, vor allem auch Strukturen von Kinder- und Jugendeinrichtungen zu analysieren und diese umzugestalten!

3.1. Der heimliche Lehrplan in Schule und Kindergarten

Untersucht man die Strukturen in Kinder- und Jugendeinrichtungen bzw. Schulen, kommt man zu dem erschreckenden Ergebnis, daß viele Selbstverständlichkeiten unseres Alltags unseren pädagogischen Zielen entgegenstehen.

Der heimliche Lehrplan im Kindergarten

Der Kindergarten ist in vielen Bereichen nicht an den Bedürfnissen der Kinder bzw. pädagogischen Zielen orientiert, sondern an zweckrationalen Anforderungen der Verwaltung wie Instandhaltung und Organisation. Bei einem kritischen Durchgang durch die eigenen Räume, einer genauen Durchsicht der Organisations- und Verwaltungsabläufe und bei bewußtem Betrachten von Zuständigkeit und Zusammenarbeit wird deutlich, daß nicht Ganzheitlichkeit, sondern Zerstückelung das Organisationsprinzip der meisten Einrichtungen ist (vgl. Kerber-Ganse 1988, S. 19). Dieses verstärkt sich umso mehr, desto größer eine Einrichtung ist (hier findet sich ein weiteres Argument für kleine dezentrale soziale Einrichtungen).

Die Beispiele, die im folgenden die umweltpädagogisch wirkenden Konsequenzen aufzeigen, mögen von den PädagogInnen in ihrer eigenen Einrichtung ergänzt bzw. modifiziert werden.

- Die Einrichtungen sind nicht an Prinzipien des ökologischen Haushalts orientiert (Wasserverbrauch, Putzmittel, Abfallvermeidung, Abfalltrennung, gesunde Ernährung, Außenspielflächen, Spielmaterialien etc.).

Die Kinder lernen: Auch wenn wir in didaktischen Einheiten lernen, wenig Wasser zu verbrauchen, den Abfall zu trennen, auf Tiere und Pflanzen zu achten – im Alltag spielt dies keine Rolle.

- Die Außenspielflächen laden nicht zum Spielen in der Natur ein (keine Versteckmöglichkeiten, monotone Spielflächen, fehlende Bäume, kein Wasser etc.); Spielräume sind durch Spielgeräte künstlich möbliert.

Die Kinder lernen: Draußen spielen ist – ähnlich wie drinnen spielen – vornehmlich ein Spielen mit Spielzeug. Alles, was dreckig macht oder gefährlich erscheint, ist unerwünscht.

- Die Zuständigkeiten in den Einrichtungen sind streng getrennt. Die Köchin bereitet das Essen vor, der Hausmeister repariert, der Gärtner (der bei zentraler Grünanlagenpflege den Kindern in der Regel gar nicht bekannt ist) gestaltet und erhält die Außenflächen (von Garten kann in vielen Kindergärten gar keine Rede sein).

Die Kinder lernen: Ich darf im Kindergarten nur spielen und basteln. Von anderen Tätigkeiten bin ich ausgeschlossen. Ich bin noch nicht alt genug, um Verantwortung zu übernehmen.

Der heimliche Lehrplan in der Schule

Mehr noch als im Kindergarten ist die Organisation des Schulalltags an verwaltungstechnischen und weniger an pädagogischen (geschweige denn umweltpädagogischen) Prinzipien orientiert.

Ökologische Haushaltsformen werden in den meist großen Schulen nur wenig umgesetzt. Hier einige Beispiele:

- Die Heizung wird in der Regel zentral geregelt. Temperaturregelung ist daher oft nur durch Öffnen der Fenster möglich (Bekannte Argumente: die Schüler können das selbst nicht regeln, sonst steigt der Energieverbrauch etc.).

Die Schüler lernen: Wir haben für den Energieverbrauch durch die Heizung keine Verantwortung. Wir müssen und wir dürfen uns nicht darum kümmern. Bei der Wärmeregulierung durch das offene Fenster lernen die Schüler darüber hinaus: Wir werden letztlich dazu gezwungen, Energie zu verschwenden, Verantwortungsbewußtsein wird uns nicht zugetraut.

- Heiztechnik und eventuelle alternative Energieversorgungsmöglichkeiten sind Sache des Hausmeisters und den Schülern nicht bekannt.

Die Schüler lernen über den Energieverbrauch in der Schule: nichts. Moralische Appelle der Lehrer nach energiesparendem Verhalten müssen ins Leere laufen (es sei denn, einzelne Schüler bringen Sensibilität dafür von zu Hause mit).

- Die Schulhöfe sollen der Erholung der Schüler dienen. Häufig ähneln sie eher Parkplätzen (als solche werden sie dann auch am Nachmittag genutzt) als Spiel- oder Erholungsorten, denn sie sind meistens asphaltiert. Natur ist oft nur zufällig bzw. außerhalb der Reichweite der Schüler im nicht allein zu betretenden Schulgarten oder den Rabatten des Hausmeisters vorhanden.

Die Schüler lernen: Natur kommt in der Schule nicht vor. Sie ist nicht wichtig. Wichtig ist dagegen, daß nachmittags die Autos auf die Schulhöfe fahren und dort parken können. Wichtig ist die Pflegeleichtigkeit ihres Spielgeländes. Eine spielerische Naturbegegnung im Alltag (in den Pausen) wird den Schülern erschwert.

- Auch in den Innenräumen hat Natur keinen Platz. Klassenräume erwecken kaum den Eindruck, Lebensräume zu sein.

Die Schüler lernen: Ich kann Schule nicht mitgestalten. Ich lerne nur in der Schule, ich lebe hier nicht.

Die gesamte Lernorganisation in den Schulen ist nach wie vor unpädagogisch und unökologisch. Kritik an der Schulpädagogik wird seit vielen Jahren laut. Sie hat an einigen Stellen zu einer pädagogischen Umstrukturierung von Schule geführt (z.B. offener Unterricht). Diese muß aus umweltpädagogischer Sicht weitergeführt werden. Als Negativbeispiele seien genannt:

- Lernen im 45-Minuten Takt

Die SchülerInnen lernen: Ich muß mein Interesse nach dem Klingelrhythmus ausrichten, nicht nach meinem inneren Lernbedürfnis. Dieses führt u.a. dazu, daß die Lehrer das Interesse über „Motivationsphasen“ mühsam immer wieder künstlich herstellen müssen.

- Die einheitliche Bewertungspraxis

Die SchülerInnen lernen: Nur das, was im Unterricht vorkommt und für das ich eine Bewertung bekomme, ist wichtig. Hierzu gehört nur ein kleiner Teil der Umweltpädagogik (nämlich der kognitive). Neugierde, ganzheitliche Erkundungen der Natur u.a. sind nicht „schul- bzw. bewertungsrelevant“ – also auch nicht wichtig.

Umweltpädagogik in der Schule ist mehr als der Unterricht in Heimat- und Sachkunde. Umweltpädagogik kann nicht von anderen Lernbereichen (sozialem Lernen, fachbezogenem Lernen und anderen Lernformen) getrennt werden. Die gesamte Organisation der Schule und alle Lehrinhalte müssen in umweltpädagogische Konzepte miteinbezogen werden.

Im folgenden werden aus umweltpädagogischer Sicht wünschenswerte Rahmenbedingungen für Schule und Kindergarten dargestellt bezüglich der Schwerpunkte:

- Ökologisches Haushalten
- Gestaltung des Außengeländes
- Gestaltung der Innenräume
- Organisatorische Strukturen

Daß damit Lebens- und Lernwelten entworfen werden, die auch aus allgemeinpädagogischer Sicht erstrebenswert sind, unterstreicht die Notwendigkeit der aufgezeigten Veränderungen.

Wir lernen eher durch das, was wir erleben und weniger durch das, was uns erzählt wird. Nur wenn auch die Einrichtungen selbst ökologisch und ganzheitlich organisiert sind, lernen Kinder und Jugendliche, wie ökologisch erwünschtes Handeln aussieht. Wenn nicht eine möglichst hohe Übereinstimmung zwischen Reden und Handeln angestrebt wird, lernen Kinder und Jugendliche etwas anderes, als wir wünschen.

3.2. Ökologisches Haushalten in Schule und Kindergarten

Die Selbstverständlichkeiten der Erwachsenen werden auch zu den Selbstverständlichkeiten der Kinder. Ein Bereich, in dem sich diese Selbstverständlichkeiten niederschlagen, ist der Haushalt der Einrichtung. Die Bedeutung, die ökologisches Verhalten hier besitzt, hat für die Kinder und Jugendlichen Modellcharakter.

Ein Beginn der umweltpädagogischen Umorganisation der eigenen Einrichtung könnte deshalb ein Rundgang durch den Kindergarten bzw. die Schule sein mit dem Ziel, den Einrichtungshaushalt unter ökologischen Gesichtspunkten kritisch zu durchleuchten.

Zu solch einem Rundgang möchten wir Sie einladen:

Ökologische Besichtigung:
Bitten Sie einige KollegInnen, diese Besichtigung Ihrer Einrichtung mit Ihnen gemeinsam vorzunehmen bzw. teilen Sie sich in Gruppen auf. Sie werden wahrscheinlich feststellen, daß einzelne Fragen nicht sofort zu beantworten sind, da sie außerhalb der Einrichtung zentral geregelt werden. Gerade an diesen Stellen sollten Sie nachhaken – wie Sie dies in Ihrem privaten Haushalt auch tun.

I. Energie
Wie hoch ist der Energieverbrauch in der Einrichtung (Stromkosten)?
Welche Heizungsart existiert?
Wird die Heizung zentral geregelt oder in den einzelnen Räumen?
Gibt es Thermostatventile?
Ist die Raumtemperatur durch ein Zimmerthermometer überall „objektiv“ ablesbar?
Wie schätzen Sie die Wärmeisolierung in den Räumen ein?
Wieviele Normalbirnen, wieviele Energiesparbirnen gibt es in der Einrichtung?
Wie wird das Warmwasser zubereitet?
Existieren alternative Formen der Energiegewinnung bzw. Energierückgewinnung?

Welche weiteren Möglichkeiten des Energiesparens wären einrichtungsspezifisch möglich?

II. Wasser
Wo wird Wasser verbraucht?
Wo ließe sich Wasser einsparen (Achtung, dieses darf nicht zu Lasten umweltpädagogischer Angebote wie Wasserspiele, Matschecke, Außenwasserhahn etc. gehen)?
Gibt es Spülstops auf den Toiletten?
Gibt es Durchlaufbegrenzer für Wasserhähne?
Existiert ein Brauchwasserkreislauf?

III. Küche
Besteht das Essen vorwiegend aus Vollwertgerichten?
Werden diese eher langweilig oder zielgruppenorientiert zubereitet? (Vollwertküche wird von Kindern häufig deshalb abgelehnt, weil sie sich nicht an ihren Geschmacksrichtungen orientiert.)
Werden die Gerichte mit den Kindern und Jugendlichen abgesprochen?
Gibt es Fertiggerichte, oder wird der größte Teil des Essens frisch zubereitet?
Wie hoch ist der Fleischanteil des Essens?
Wie hoch ist der Zuckerverbrauch?
Werden Vollkornprodukte verwendet?
Werden Gemüse und Obst angeboten?
Findet der Einkauf vor Ort oder durch Großhändler statt?

IV. Reinigungsmittel
Listen Sie bitte Ihre Reinigungsmittel auf (Boden, Wände, Küche, Fenster, Geschirr, Teppich, WC etc.).
Wie hoch sind die Verbrauchsmengen dieser Reinigungsmittel?
Auf welche Reinigungsmittel kann man verzichten?
Welche können durch umweltfreundliche Reinigungsmittel ersetzt werden?
Wie hoch ist der Arbeitsaufwand bei den verschiedenen Reinigungsmitteln? (Erhöht er sich bei den umweltfreundlichen Produkten oder gibt es Möglichkeiten, diesen gleich zu halten?)

V. Büro
Wie hoch ist der Papierverbrauch?
In welchen Fällen und wobei nutzen Sie Umweltschutzpapier (Briefpapier, Umschläge, Kopien, Notizzettel etc.)?
Listen Sie die Büroutensilien auf: Welche sind umweltfreundlich – welche nicht?
Welche Büroutensilien ließen sich durch umweltfreundliche Produkte ersetzen (Beispiele: Aufzugsfüllhalter, Bleistifte ohne Lackierung, Kugelschreiber mit auswechselbarer Mine, dicke Buntstifte als Öko-Textmarker, Ordnungshilfen aus Altpapier/Holz statt Kunststoff etc.)?
Wieviel wird kopiert?

VI. Farben, Lacke und Möblierung
Welche Farben und Lacke werden bei Renovierungen verwendet?
Welche Holzschutzmittel werden angewandt?
Überwiegen Holz- oder Plastikmöbel?
Welcher Art ist der Fußbodenbelag?

VI. Müll
Wo fällt Abfall an?
Wieviel Abfall wird im Monat produziert?
Wie wird der Abfall gesammelt (in Plastiksäcken, Papierkörben, Eimern etc.)?
Welcher Abfall wird getrennt gesammelt?
Wer sammelt den Abfall ein?
Wie wird der Abfall zwischengelagert?
Was könnte im Haus weiterverwendet werden?
Welche Problemabfälle entstehen?
Wo könnte Müll vermieden werden?
Wie könnte Müll vermieden werden?

Jetzt kennen Sie Ihre Einrichtung aus ökologischer Perspektive viel besser. Sicher gibt es zahlreiche Ansatzpunkte, den Einrichtungshaushalt ökologischer zu gestalten. Fertigen Sie eine Liste von Veränderungsmöglichkeiten an. Besprechen Sie mit Ihren KollegInnen:

- Was läßt sich sofort ohne Kostenaufwand umgestalten?
- Was ließe sich mittelfristig umgestalten (z.B. beim nächsten Umbau, Renovierung, Kauf etc.)?
- Wo kann man finanzielle Zuschüsse erhalten?
- Welche Veränderungen haben große Akzeptanz, bei welchen gäbe es im Alltag Schwierigkeiten?
- An welchen Stellen müssen langfristige Grundsatzentscheidungen getroffen werden (z.B. bei der Planung von An- und Umbauten)?
  etc.

Die ökologische Umgestaltung eines Haushaltes – vor allen Dingen eines öffentlichen Großhaushaltes – geht nicht von heute auf morgen, sondern erfolgt Schritt für Schritt. Damit die Chancen zur gegebenen Zeit auch genutzt werden können, muß eine Übersicht wie die eben vorgestellte angelegt worden sein. Dabei müssen nicht alle Bereiche auf einmal verändert werden.

Wichtig ist,
- daß dieser ökologische Blick auf den eigenen Haushalt die Entscheidungen auch im Alltag mitbestimmt und
- daß dieses Entscheidungskriterium in der Einrichtung gegenüber den KollegInnen, Trägern, Eltern, Kindern und Jugendlichen transparent gemacht wird.

Ökologisch haushalten bedeutet, eine Bestandsaufnahme der eigenen Einrichtung zu machen und Wege einer umweltfreundlichen Veränderung zu finden. Gleichzeitig muß darüber nachgedacht werden, wie die Akzeptanz der einzelnen Maßnahmen bei allen Betroffenen (das sind vor allem auch die KollegInnen im Büro, in der Küche oder vom Putzdienst) erhöht werden kann.

3.3. Es gibt immer Neues zu entdecken – Das Außengelände als Erlebnisgarten

Kinder wollen direkt nach „draußen" gehen können, sie wollen in der Nähe der Eltern, ErzieherInnen, der Schule spielen können. Naturbegegnung muß in der nächsten Umgebung möglich sein. Dabei kommt dem Garten, dem Außengelände in Kindergarten und Schule oder dem Hinterhof im Wohnblock eine besondere Aufgabe zu. Diese müssen so gestaltet sein, daß Kinder hier selbständig Naturerfahrungen machen können, es müssen vielfältige Spielanregungen und -möglichkeiten vorhanden sein. Sie sollten nicht statisch bestimmte Spielräume und -möglichkeiten festlegen.

Bislang ist für Kinder gestalteter Außenraum streng geordnet. Den Kindern wird als Bereich der Spielplatz zugewiesen, den Erwachsenen die Parkwege und -bänke. Spielflächen sind vor allem nach Gesichtspunkten der Pflegeleichtigkeit und Übersichtlichkeit gestaltet. Pädagogisches Element ist oft einzig die Möblierung mit Spielgeräten.

Dabei bieten Spielplätze in Kindergarten und Schule, Hinterhöfen und Gärten die Möglichkeit, mit relativ geringem Aufwand eine Vielfalt umweltpädagogischer Erfahrungsmöglichkeiten zu verwirklichen. Auch kleine Außenspielflächen erlauben eine Vielfalt von Umwelterfahrungen, wenn von herkömmlichen Standards abgewichen wird.

Als Erwachsene vergessen wir häufig, daß Kinder eine ganz andere Perspektive als wir haben. Sie sind sehr viel kleiner und sehen und erleben die Welt, die vornehmlich auf Erwachsene zugeschnitten ist, ganz anders. Als UmweltpädagogInnen sollten wir wissen, wie die Kinder die Natur in unserer Einrichtung – außen und innen – aber auch außerhalb unserer Einrichtung wahrnehmen. Wir möchten Sie zu einer Fotosafari der „Zwerge" einladen.

Fotosafari:
Sie brauchen: einen Fotoapparat, die Länge Ihres Durchschnittskindes und gute Kondition beim In-die-Hocke-Gehen.

Aufgabe: Folgen Sie den Wegen Ihrer Kinder durch Ihre Einrichtung, die Außenflächen und die nahe Umgebung. Fotografieren Sie dabei Ihnen wichtig erscheinende Motive aus der Perspektive Ihrer Kinder (1,20 m, 1,30 m).

Wie erscheint das Gebäude (der Kindergarten, die Schule)?
Wie sehen die Innenräume aus dieser Perspektive aus?
Gibt es für die „Zwerge" Möglichkeiten, die Perspektiven zu wechseln (z.B. durch versetzte Ebenen, Klettermöglichkeiten etc.)?

Wie gelange ich in den Garten?
Wie erlebe ich den Garten als „Zwerg“?
Gibt es hohe Bäume?
Über welche Sträucher kann ich schauen?
Wo erscheint mir das Gartendickicht als Urwald?
Wie nehme ich den Boden wahr?
Wo gibt es geheime Ecken und Winkel?
Was macht mich neugierig?
etc.

Welche Wege gehen die Kinder in die Einrichtung?
Wie sehen Sie Autos?
Wo sehen Sie Natur?
etc.

Die aus dieser Foto-Safari entstehenden Bilder können zu einer Ausstellung zusammengetragen werden, die sowohl Ihnen als PädagogInnen als auch Eltern und anderen Erwachsenen wertvolle Hinweise für die Sichtweise von Kindern gibt.

Kinder brauchen Gärten – auch in der Schule und im Kindergarten. Im folgenden werden Anregungen für die Gestaltung von Außenflächen gegeben. Dabei sind die Bedürfnisse, die Kinder im Vorschulalter bzw. Schulkinder oder Jugendliche an das Außengelände haben, nur graduell unterschiedlich. Es lassen sich viele Gemeinsamkeiten feststellen. Die konkreten Bedürfnisse müssen dann von den PädagogInnen bzw. LehrerInnen für ihre jeweilige Einrichtung individuell bestimmt werden.

Grundsätzlich müssen Spielflächen für Kinder drei Anforderungen miteinander vereinbaren:

Spielgärten: pädagogisch – ökologisch – sicher?

Pädagogische Kriterien: Welche Spielbedürfnisse haben die Kinder?

Das Außengelände ist für die Kinder in erster Linie Spielgelände. Das verlangt ein bestimmtes Maß an Robustheit der Pflanzenwelt. Die hier gegenwärtige Natur muß von den Kindern auch „begriffen“ und in bestimmtem Maß benutzt werden können. Hochsensible Biotope und Ökosysteme sind kein sinnvolles Umfeld für Kindergärten oder Schulen.

Kinder wollen:
- toben und bolzen: Sie brauchen, wenn vorhanden, Rasenflächen zum Laufen, Toben, Fangen- und Fußballspielen und für viele andere Bewegungsbedürfnisse;

- sich verstecken: Sie möchten Räume, die sie vor den Augen anderer Erwachsener und Kinder abschirmen, wo sie allein, mit dem besten Freund/der besten Freundin oder in einer kleinen Gruppe Geheimnisse austauschen, lesen, sich etwas erzählen oder Rollenspiele machen können;
- entdecken und erforschen: Sie wollen Hütten bauen, in Winkeln stöbern, auf Bäume klettern, Tunnel buddeln, Dämme bauen, und vieles mehr;
- die Elemente erleben: Sie möchten mit Wasser spielen, in Erde, Sand oder Lehm graben, Steine schleppen, Baumstümpfe rollen, sich am Feuer wärmen, die Luft auf ihrer nackten Haut spüren, den Schatten und die Sonne erleben;
- verändern und gestalten: Sie brauchen keine statische Umgebung, wo alles immer am vorhergesehenen Ort steht und dort auch bleiben muß. Statt dessen möchten sie mit- und umgestalten, den jahreszeitlichen Wandel erleben.

Ökologische Kriterien: Welche Biotope und Kleinökosysteme sind an den jeweiligen Standorten sinnvoll und umsetzbar?

ÖkologInnen fragen nach den Wechselwirkungen zwischen den Lebewesen und ihrer Umwelt. Die Gestaltung der Außenspielflächen muß die standortgebundenen ökologischen Gegebenheiten sowie Ein- und Auswanderungsmöglichkeiten von Pflanzen und Tieren berücksichtigen. Das Spielgelände darf nicht isoliert betrachtet, sondern muß als Teil seiner Umgebung verstanden werden.

ÖkologInnen fragen:
- Welche Pflanzen, Bäume und Gehölze sind an diesem Standort sinnvoll (z.B. heimische Gehölze, Wiesen)?
- Welche Kleintiere können hier siedeln, und wie kann ich diese unterstützen (z.B. durch Hauswandbegrünungen, Hecken- und Knickpflanzungen)?
- Wie kann ich „natürlichen" Pflanzenschutz betreiben (z.B. Düngung durch Kompost, Verzicht auf Unkraut- und Schädlingsbekämpfungsmittel, Einsatz von Jauchen etc.)?
- Wie kann ich in meine Gartenplanung vorhandenen Baum- und Strauchbestand miteinbeziehen?

Sicherheitskriterien: So wenig wie möglich, so viel wie nötig.

Bei der Gestaltung des Außengeländes von Kindertagesstätten, Spielplätzen und Schulhöfen spielen Sicherheitskriterien eine große Rolle. Der verständliche Wunsch nach Sicherheit führt häufig zu Spielplätzen, die durch ErzieherInnen ständig überschaubar sind und von denen scheinbar alle Gefahrenmomente gebannt sind. Dieses führt leicht zu der Illusion, daß gefahrloses Spielen möglich ist.

„Gefahr" ist aber ein wichtiger Bestandteil vieler Spiele. Für ihre Entwicklung und zum Lernen brauchen Kinder immer wieder Situationen, die ihnen subjektiv „gefährlich" erscheinen, in denen sie ihr Können und ihre Grenzen ausprobieren und immer wieder auch überschreiten können (auf dem Baum einen Ast höher als bisher klettern, auf der Mauer balancieren, möglichst hoch schaukeln etc.).

Grundsätzlich gilt: Kinder, die ihre eigenen Fähigkeiten und Grenzen kennen, sind weniger gefährdet. Gefahrenreduzierung ist also auch und vor allem eine pädagogische Aufgabe.

Die Rechtsprechung definiert als gebührende Aufsichtspflicht: *„Das Maß der gebotenen Aufsicht bestimmt sich nach dem Alter, der Eigenart und dem Charakter des Kindes sowie danach, was den Eltern in ihren jeweiligen Verhältnissen zugemutet werden kann. Es ist deshalb zu fragen, was verständige Eltern nach vernünftigen Anforderungen unternehmen müssen, um die Schädigung Dritter durch ihr Kind zu verhindern"* (Ministerium für Arbeit, Gesundheit und Soziales des Landes Nordrhein-Westfalen 1989, S. 10). Dieser Spielraum gilt auch für professionelle Erziehungskräfte. Diese haben in ihrer Arbeit die Möglichkeit:

- vorsorglich zu belehren und zu warnen,
- ständig zu überwachen,
- von Fall zu Fall einzugreifen.

Vor allem die ständige Überwachung von Kindern kollidiert mit den pädagogischen Prinzipien der Erziehung zur Selbständigkeit. Welcher Grad der ständigen Beaufsichtigung in den Einrichtungen möglich ist, orientiert sich vielmehr an der konkreten Kindergruppe und läßt sich nicht objektiv festlegen.

Trotz dieser grundsätzlichen Überlegungen müssen Sicherheitskriterien bei der Gestaltung des Außengeländes beachtet werden. Überflüssige Gefahren können so in der Planung und der alltäglichen Arbeit vermieden werden.

Eltern und ErzieherInnen müssen bedenken:
- Sind Klettergerüste ausreichend verankert (auch bei umgekippten Bäumen, die die Kinder als Kletterparadies entdeckt haben, muß die natürliche Verankerung durch das Wurzelwerk ständig überprüft und gegebenenfalls unterstützt werden)?
- Puffert weicher Bodenbelag (z.B. Sand, Rindenschnitzel, Rasen) Stürze unter dem Kletterbaum?
- Sollen giftige Pflanzen herausgerissen werden, oder kann der Gefahr durch pädagogische Arbeit begegnet werden?
- Ist die Anlage eines Teiches für die konkrete Kindergruppe sinnvoll (diese Frage stellt sich für Gruppen mit Kindern unter drei Jahren anders als für Gruppen mit älteren Kindern)?
- Wie kann das Gewässer abgesichert werden (durch Zäune, unwegsame Uferbepflanzung etc.)?

Aufgabe umweltpädagogischer Planung ist es, diese Anforderungen im jeweils konkreten Fall miteinander zu vereinbaren. Welche Biotope, Ökosysteme bzw. Teilökosysteme sind unter den Alltagsbedingungen der Spielbedürfnisse von Kindern sinnvollerweise im Außengelände zu entwickeln? Es müssen nicht alle am Standort möglichen Biotope, wie etwa ein Teich, auf dem eigenen Gelände vorhanden sein. Ebenso können sicher nicht immer alle Spielbedürfnisse der Kinder auf dem eigenen Grundstück erfüllt werden. Zum Toben und Bolzen kann man eventuell auch auf einen Spielplatz oder Sportplatz ausweichen.

Im Einzelfall wird es immer wieder zum Wettstreit der drei Kriterien (Spielbedürfnisse der Kinder versus ökologische Gesichtspunkte bzw. Sicherheitsüberlegungen) kommen. In diesem Fall sollten ErzieherInnen, Eltern und Kinder gemeinsam überlegen, was sinnvoll ist. Der Grundsatz der Transparenz und des Einbezugs aller Betroffenen in Prozesse der Entscheidungsfindung erleichtert es ErzieherInnen und den Trägern, wichtige Entscheidungen zu fällen. Die Akzeptanz und die Umsetzung der so gefundenen Lösungen ist bei allen Beteiligten wesentlich höher.

Weiterhin ist es ratsam, sich vor scheinbar endgültigen Lösungen zu hüten. Vielmehr sollte bei allen der Mut zum Ausprobieren gefördert werden. Die Umgestaltung der Spielgärten sollte über einen längeren Zeitraum beobachtet und reflektiert werden. ErzieherInnen und Eltern sollten sich darüber bewußt sein, daß es in der Natur und in der Pädagogik nichts Endgültiges gibt!

Kindergarten

Dieses gilt in besonderem Maße für die Kinder-„Gärten". Für Kindergartenkinder ist das Außengelände Teil des täglichen Spielraumes. Hier haben sie für einen großen Teil des Tages die Möglichkeit, Natur sinnlich zu erleben, sich selbst in der Auseinandersetzung mit den Elementen zu erfahren, zu beobachten, zu untersuchen und zu experimentieren. Der „Garten" spielt im Kindergarten eine zentrale Rolle und sollte daher auch mit besonderer Sorgfalt gestaltet und genutzt werden.

Schulhöfe

Aber auch Kinder im Schulalter haben in den Pausen außer dem Wunsch, sich „auszutollen", der nach dem anstrengenden Sitzen während des Unterrichts besonders groß ist, auch ein Bedürfnis danach, sich „ruhig" zu erholen. Ein Außengelände, das eine Vielfalt an Spiel-, Versteck- und Erkundungsmöglichkeiten bietet, erhöht auch den Lern- und Lebenswert der Pausen.

Darüber hinaus ermöglicht es einen Unterricht außerhalb des Klassenraumes. Statt angelegter Schulgärten, zu denen Schülern der Zugang im Alltag versperrt bleibt, kann der Unterricht in Biologie, Heimat- und Sachkunde, aber auch in anderen Fächern nach draußen verlegt werden. Sitzmulden bieten die Möglichkeit, trotz „grüner Wände" gemeinsam an einem Thema zu arbeiten. Bänke oder große Steine ermöglichen Kleingruppenarbeit. Ein Schul-„Garten" oder ein begrünter Schulhof bietet wesentlich mehr Möglichkeiten für selbständiges entdeckendes Lernen als der vielerorts existierende Parkplatz für Schüler (Asphaltplätze, die unpädagogisch und zudem noch unökologisch sind).

Die im folgenden vorgestellten Beispiele für Gärten in pädagogischen Einrichtungen können sowohl dem Kindergarten als auch der Schule als Anregungen dienen. Je nach Lage der Einrichtung, Altersstufe etc. können die Pläne konkretisiert werden.

Elemente (Feuer, Wasser, Erde, Luft)

Das Außengelände muß den Kindern die aktive Begegnung mit den vier Elementen ermöglichen.

Sinnliches Erleben der vier Elemente:

Erde:
Verschiedene Untergründe können vielfältige Spielmöglichkeiten zulassen und anregen. Dabei ist dem Bedürfnis nach Sand- und Erdspielen genauso Rechnung zu

tragen, wie dem Bedürfnis nach hartem Untergrund für Rollschuhlaufen, Skateboard- und Dreiradfahren. Knicke, Bodenerhebungen und -vertiefungen bieten Pflanzen und Tieren Lebensräume und Kindern naturnahe Spielmöglichkeiten.

Steinhaufen, Sandkästen und -haufen, Heuhaufen und Strohballen eröffnen Kindern unterschiedliche Spiel- und Baumöglichkeiten. Beim Graben fördern Kinder viele Schätze zutage (Regenwürmer, Käfer, leere Schneckenhäuser, Steine, Wurzeln etc.).

Wasser:
Spielen mit Wasser ist ein kindliches Grundbedürfnis. Tümpel, Kuhlen, Gräben, Schläuche, Kannen und Pumpen sind für alle Kinder ein magischer Anziehungspunkt. Wasser verwandelt viele Materialien: Aus Sand und Erde wird Matsch, Steine erhalten schillernde Farben. Ob mit Gummistiefeln oder barfuß, ob zusammengeduckt unter einer Zeltplane oder auf blanker Haut, ob als Regen oder Eis und Schnee – Wasser und Regen sind für Kinder zu allen Jahreszeiten faszinierend.

Feuer:
Feuer wird vor allem als Gefahr wahrgenommen. Es wird daher aus Kindertagesstätten und Schulen unter dem Risikogesichtspunkt möglichst verbannt. Damit verlieren die Kinder einen wichtigen Erfahrungsbereich. Auch wenn der unbeaufsichtigte Umgang mit Feuer vermieden werden sollte, gibt es doch gerade auf dem Außengelände viele Möglichkeiten, kontrolliertes Feuer zuzulassen: eine gut gesicherte Feuerstelle aus Steinen ermöglicht den gemeinsamen Grillnachmittag oder ein Lagerfeuer mit Stockbrot; ein Backofen bietet die Möglichkeit, Brot zu backen etc.

Licht:
Das Spiel von Licht und Schatten, von Wärme und Kühle, von Hell und Dunkel ist ein belebendes Element von Gärten. Kinder, die Licht und Dunkel in ihrer Spannung erleben, haben ganz andere Naturerlebnisse als Kinder, die nur den immer schattigen Spielhof kennen, oder Kinder, die auf immer hellen Rasen- bzw. Asphaltflächen ohne Baum und Strauch toben. Das Spiel von Licht und Schatten ist ein Spiel mit Stimmungen und Empfindungen. Es gliedert den Außenraum in einem ständig fließenden Prozeß. Es unterteilt Außenflächen ohne sichtbare Trennwand.

Daher sollte bei der Gestaltung von Kindergärten und Schulhöfen der alte Baum-, Strauch- und Heckenbestand möglichst erhalten bleiben. Andere schattenspendende Dächer wie Planen, bewachsene Pergolen, Hütten usw. bieten zusätzlich reizvolle Spielmöglichkeiten.

Spielmöblierung

Erwachsene unterliegen der aus kindlicher Sicht durchaus zu hinterfragenden Vorstellung: Zum Spielen brauchen Kinder Spielzeug. Für die Gestaltung des Außenbereichs bedeutet dieses dann die Suche nach Spielmöblierung. Klettergerüste, Rutschen, Sandkästen, Wippen und anderes werden als kindgerechte Spielmöbel gekauft oder gebaut und in Kindergärten bzw. Schulen aufgestellt.

Natürlich vorhandene Spielmöglichkeiten werden selten in ihrer Bedeutung erkannt und berücksichtigt. Dabei bieten gewachsene und von der Natur gestaltete „Spielgeräte" viel intensivere Spielerlebnisse als normierte Spielanlagen (vgl. Müller/Oberhuemer 1982, S. 22ff.).

Einige der Unterschiede seien am Beispiel des Kletterns aufgezeigt:

Das Klettergerüst – der Baum:
Klettern ist für Kinder eine elementare körperliche Erfahrung. Sie üben ihr Gleichgewicht, ihre Kraft und ihre Behendigkeit, sie verändern Perspektiven, sie spüren ihr eigenes Gewicht, sie erwerben Selbstbewußtsein und Mut. Kinder klettern, wo sie können: auf Bäume und Sträucher, auf die Teppichstange, auf den Schrank, über Tisch und Stuhl, auf das Treppengeländer usw.

Wir bieten ihnen für ihr Bedürfnis im Außenbereich Klettergerüste – häufig aus Metall. Hier erfahren sie:
- gleiche Abstände zwischen Kletterstufen,
- die Kälte des Metalls,
- den Geruch des Metalls,
- ungehinderte Sicht auf die Umgebung,
- Sonne, Wind oder Regen direkt,
- ein subjektives Empfinden von Höhe oder Gefahr.

Auch wenn Kinder wichtige Erfahrungen des Kletterns auf diesem Metallgerüst machen können, bietet eine natürliche Klettermöglichkeit wie z.B. der Baum ganz andere Erfahrungen mit aus umweltpädagogischer Sicht entscheidenden Unterschieden.

Beim Erklettern eines Baumes erleben Kinder:
- der Baum als Lebewesen ist nicht genormt: Die Äste haben unterschiedliche Abstände, verschiedene Durchmesser. Sie müssen jede einzelne Kletterstufe (Ast) mit den Füßen ertasten; die Hände umgreifen unterschiedlich geformte, verschieden dicke und in mehrere Richtungen weisende Äste. Das Kind muß diesen Baum mit dem ganzen Körper erklimmen. Im Gegensatz dazu wirkt das Erklettern des Klettergerüstes eher wie Treppensteigen.
- der Baum als Lebewesen hat eine individuelle Haut: Die Rinde jedes Baumes ist anders. Sie fühlt sich anders an, hat eine andere Temperatur und wechselt nach Jahreszeit und Wetter. Im Sommer ist sie rauh und warm, bei Regen wird sie glitschig, Rinde löst sich an einigen Stellen, der Baum verändert sich.
- der Baum hat viele Gerüche: Es riecht der Stamm, die Blätter, die Blüten, die Früchte. Die Gerüche ändern sich nach Wetterlage, Jahreszeit, mechanischen Einflüssen usw.
- der Baum hat viele Geräusche: Die Blätter rauschen, Vögel und Insekten sind zu hören, Äste knarren. Beim Klettern im Baum wird ganz deutlich, daß der Baum ein Lebewesen ist.
- der Baum bietet unterschiedliche Ausblicke: Man kann nur selten ungehindert in alle Richtungen spähen. Dafür bietet er veränderte und immer neue Aus- und Einblicke. Im grünen Laubdach des Sommers kann ich mich verstecken, ich sehe nur ein wenig Himmel, Licht und Schatten der Bäume geben eine ganz besondere Atmosphäre. Im Frühling ist es lichter, Blüten verändern die Lichtverhältnisse. Auch die Farben des Herbstlaubes verändern wieder Ausblicke und Atmosphäre im Kletterbaum.

- Sonne, Wind und Regen: Sie werden beim Klettern im Baum zwar auch direkt, aber durch die Äste und die Laubkrone verändert wahrgenommen. Der Baum bietet Schutz und gibt vielen Wetterlagen einen zusätzlichen Reiz.
- die Begegnung mit anderen Lebewesen: Käfer und Kleintiere lassen sich in der Rinde des Baumes beobachten. Vögel lassen sich auf dem Nachbarast nieder.
- eine Herausforderung: Die Gefahr wird z.B. durch Brennesseln unter dem Baum oder durch die Erschwernisse des Aufstieges auf die unteren Äste erhöht – eine Gefahr, die Kinder suchen, an der sie sich selbst erproben können, die aber unter Sicherheitsaspekten als relativ gering einzuschätzen ist. Ein Baum bietet Raum für viele Geschichten und Abenteuererzählungen der Kinder.

Bei diesem Vergleich wird deutlich, daß Bäume-Erklettern ein Vielfaches an Anregungen für die Kinder bietet. Gleichzeitig erfahren Kinder dabei aber auch eine persönliche Beziehung zum Baum – eine Erfahrung, auf der späteres Umweltengagement und -interesse beruhen kann.

Weitere Anregungen für „natürliche Spielgeräte“:
- „Unkraut“, Brennesseln, Gestrüpp und Blumenwiesen in einigen Ecken kann für die Kinder abenteuerlicher sein als manch nahegelegenes Abenteuergelände.
- Zum Sitzen eignen sich große Feldsteine oder ein runder Graswall (vgl. Oberholzer/Lässer 1991, S. 134ff.) genausogut wie Gartenmöbel und erlauben darüber hinaus auch noch Klettertouren.
- Statt der traditionell rechteckigen Sandkiste bieten Sandanlagen den Kindern vielfältige Spielmöglichkeiten: ein Sandhaufen, der Form und Größe verändert, eine Sandkuhle ohne Begrenzung, Kiesanlagen usw.
- Bei der Planung eines „Gartens“ für Kinder sollten die natürlichen Bodenunebenheiten, Hecken, Knicke und Baumbestände erhalten bleiben.
- Zusätzlich sollten Büsche und Hecken angepflanzt, Reisig- und Steinhaufen angelegt werden. Sie bieten Kindern und Tieren die Möglichkeit zum Verstecken und zum Alleinsein.
- Baumstämme, Holzlatten, Reisig, Rundhölzer und Lehm laden zum Hütten- und Höhlenbau ein.
- Feuerbohnenzelte, Efeuhütten und Heuhaufen bieten den Kindern die Möglichkeit des Alleinseins – Kinder müssen sich vor den Augen der PädagogInnen verbergen können.
- Beete, Gartengeräte, Samen und Pflanzen sollten den Kindern und Jugendlichen zur Verfügung stehen, damit sie eigene Beete anlegen, experimentieren und forschen können.
- Das Spielgelände sollte Baustoffe unterschiedlicher Konsistenz bereithalten. Kinder können dann mit Lehm und Ton matschen, aus Stroh und Lehm eigene Baustoffe herstellen, mit Steinen mauern und mit Holz bauen.
- Zum Klettern benötigen die Kinder Bäume, umgefallene Baumstämme und große Feldsteine. In den Bäumen dürfen Hütten gebaut werden. Taue zum Abseilen und Schwingen ermöglichen wichtige Gleichgewichtserfahrungen.

Bei der Planung des Außengeländes sollte bedacht werden, daß
- Spiel und Nutzbereiche voneinander abzugrenzen sind,
- vorhandene Bepflanzung und Bebauung erhalten oder aufge-

wertet werden kann (alte Bäume, vorhandene Beete, alter Schuppen),
- Ruhezonen für Menschen und Tiere eingerichtet werden,
- Teich- oder Wasserzonen gut gesichert sein müssen.

Tiere

Kleinlebewesen, Insekten und Vögel sind Mitbewohner jeder Spielfläche. Sie müssen allerdings auch als solche behandelt werden, und ihre Lebensbedürfnisse sind bei der Planung und Pflege des Außenspielgeländes zu berücksichtigen. Das bedeutet beispielsweise, daß altes Laub und Zweige bewußt liegengelassen werden, um im Herbst und Winter vielen Lebewesen Rückzugs- und Überwinterungsmöglichkeiten zu bieten. Das kann auch bedeuten, daß zu bestimmten Jahreszeiten verschiedene Regionen des Geländes beruhigt werden, weil dort Vögel brüten. Dabei sollten möglichst keine Verbote ausgesprochen werden, sondern es sollten gemeinsam Lösungswege gefunden werden.

„Wildtiere" im Außengelände:
Bei der Ansiedlung von Tieren im Außengelände sollte unter anderem bedacht werden:
- Verzicht auf Gift, denn Gift trifft nicht nur die zu bekämpfende Art, sondern viele andere Arten mit;
- keine Katzenhaltung, denn Katzen erbeuten nicht nur Vögel, sondern auch Maulwürfe, Blindschleichen, Spitzmäuse, Frösche etc.

Maßnahmen zur Ansiedlung von „Wildtieren":
- Trockenmauern (aus Natursteinen vom Feld) mit Spalten dienen als Nistplatz für Blaumeisen, als Brutplatz für Wildbienen, Grab- und Wegwespen, als Unterschlupf für Kleintiere (z.B. Eidechsen).
- Steinhaufen sind eine Heimat für Blindschleichen, Eidechsen und Salamander.
- Reisighaufen dienen als Unterschlupf für Igel, Käfer und Wiesel.
- Hohlblocksteine werden als Nistplatz von den bei uns selten gewordenen Solitärwespen und -bienen angenommen. Die Steine müssen von einer Seite verschlossen sein. Auch Rohrbündel aus Bambusrohr eignen sich hierfür gut.
- Künstliche Bruthöhlen für Insekten lassen sich leicht herstellen, indem ein Schilfbündel in eine leere Konservendose gesteckt und in einen Baum gehängt wird. Holzklötze können mit 2–10 mm dicken Bohrlöchern versehen und als Brutstätten in Bäume gehängt werden.
- In Sträuchern und Hecken nisten Vögel. Das Wiesel hat dort seinen Unterschlupf.
- Natürliche Bruthöhlen für Stare und Kleiber finden sich besonders in alten Birnbäumen.
- Im Komposthaufen lassen sich Regenwürmer und andere Kleintiere, die dort nach Nahrung suchen, beobachten.
- Wildstauden (Brennessel, Distel, Mädesüß, Giersch) bieten vielen Tieren, sogar Reh und Fuchs, Unterschlupf. Im dichten Brennesselhorst fühlen sich Vogelarten wie Gartengrasmücke und Sumpfrohrsänger wohl, und der Stieglitz findet

dort im Winter noch Nahrung. Die Raupen des Pfauenauges und des Kleinen Fuchses lieben Brennesseln, die Schwalbenschwanzraupe dagegen bevorzugt Wiesenkümmel und wilde Möhre. Falter sind auf nektarreiche Staudenwildblüten angewiesen, Rosen z.B. nützen dem Falter nicht. Auch der weißblühende Giersch ist Nahrungsgrundlage für viele Insektenarten. Zur Schmetterlingsfütterung eignen sich besonders Skabiose- und Flockenblumen, Phlox, Nelken, Distel- und andere Krautarten.
- Eine Wildblumenwiese mit Gänseblümchen, Ehrenpreis, Löwenzahn, Wildkräutern, Gräsern und Sommerblumen beherbergt Grillen, Käfer, Hautflügler, Fliegen, Heuschrecken, Spinnen und Marienkäfer. Wenn es das Gelände erlaubt, sollte ein Stück Naturwiese angelegt werden, die nur stückweise mit der Sichel gemäht wird, um Tiere zu schützen.
- Kleine, trockene und warme Sandflächen in der Nähe von Mauern werden zu Beobachtungsstationen für Tiere (Bienen, Raupen, Spinnen) beim Bau der Nester und dem Eintragen des Futters. Auch Ameisenarten legen ihre Nester in bewachsenem Sand an.

Die Frage nach der Haltung von Haustieren entzweit Kindergärten und Schulkollegien. Schwierigkeiten bei der Regelung der Wochenend- und Ferienbetreuung erscheinen unüberwindbar. Manchmal finden sich über den eigentlichen Einrichtungsrahmen hinaus ganz einfache Lösungen: Haben einzelne Eltern Interesse an einer Betreuung? Finden sich Jugendgruppen, die für die Tiere die Verantwortung übernehmen wollen? Ist eine Zusammenarbeit mit einem nahe gelegenen Bauernhof, Tiergehege oder ähnlichem möglich?

Trotzdem werden Institutionen in der Regel größere Schwierigkeiten mit der Tierhaltung haben. Kleintiere bedürfen einer regelmäßigen Versorgung und ständiger Betreuung: das Futter muß gekauft, Verschläge gebaut und gepflegt, kranke Tiere versorgt und für den Umgang mit größeren Tieren (Esel, Pferde, Schafe) müssen Zusatzversicherungen abgeschlossen werden.

Die Lebensdauer von Kleintieren wie Wüstenrennmäusen, Kaninchen, Hamstern u.ä. muß bedacht werden, da diese Tiere im Winter im Haus gehalten werden müssen, was für Allergiker problematisch ist.

Es gibt keine rechtlichen Bestimmungen, die die Tierhaltung in Einrichtungen untersagen. Das Gesetz über Naturschutz- und Landschaftspflege schreibt nur vor, wie die Tiere zu halten sind. Auch das Bundesseuchengesetz verbietet Tierhaltung nicht, es enthält allgemeine Hygienevorschriften, die es zu beachten gilt. Sinnvoll ist es, Haustiere tierärztlich untersuchen zu lassen, bevor sie in die Institution aufgenommen werden.

Ob Haustiere oder Wildtiere bevorzugt werden, hängt von der Kindergruppe und ihren Bedürfnissen ab. Auch wenn alles in allem die Beobachtung wildlebender Tiere, deren Ansiedlung in Zusammenarbeit mit den Kindern gefördert wurde, eine echte Alternative zur Kleintierhaltung bietet, kann es in bestimmten Kindergruppen Sinn machen, den Kontakt zu Tieren über das Zusammenleben mit Haustieren, also über das Kuschel- und Pflegebedürfnis und die Sensibilisierung über den Hautkontakt herzustellen.

Pflanzen und Gehölze

Bäume, Pflanzen und Gehölze wurden schon in dem Abschnitt „Spielmöblierung" als wichtige Gestaltungs- und Spielelemente in den Kinder-„Gärten" betont. Sie bieten jahreszeitlich sich verändernde Versteck- und Spielmöglichkeiten.

Weidenzelt:
Aus langen Weidenruten oder Ahornzweigen läßt sich eine Hütte bauen. Die Zweige werden tief in die Erde gesteckt und oben zusammengebunden. Je mehr Zweige verwendet werden, desto uneinsehbarer ist die Hütte. An diesem Gerüst kann wilder Wein, Efeu, als einjährige Begrünung Feuerbohne und Kapuzinerkresse hochranken.

Das Hütten-Gerüst kann aber auch mit Flechtwerken aus Naturmaterial wie Maisblätter, Heu, Stroh und Gras verdichtet werden.

Nimmt man frische Weidenruten und begießt sie regelmäßig, treiben diese. Aus den Ästen lassen sich Wigwams flechten. Diese Hütten bieten vielfältige Spielmöglichkeiten. Sie verändern sich ständig und bieten Kindern damit ein „lebendiges Haus" (Bei Allergikern ist allerdings Vorsicht geboten.).

Adlerhorst:
Ein Adlerhorst wird aus im Wald herumliegendem Reisig gebaut. Das Reisig wird so in den dicht zusammenstehenden Ästen eines Baumes verflochten oder verkeilt, daß ein stabiler Adlerhorst entsteht, der mit Heu oder Stroh ausgepolstert wird.

Hütte:
Nach einer ähnlichen Methode kann auch auf dem Boden eine Hütte und gleichzeitig ein Tierwindschutz entstehen. Für die Hütte werden Grenzpfähle aus Holz gesetzt und mit Draht bespannt. Dann wird aus Reisig eine dicke Matte geflochten, die durch eine weitere Maschendrahtschicht stabilisiert wird. Als Dach eignen sich Strohmatten, große Blätter oder Holzleisten. Diese Methode wird in Friesland zum Zaunbau verwendet, um Jungtiere vor dem Wind zu schützen.

Für den Hüttenbau können Kinder auch die Ziegelsteine selbst herstellen: Die Ziegelsteine werden aus Lehm oder einem Lehm/Strohgemisch hergestellt. Sie haben eine Größe von 23 x 11 x 5 cm und können auf einem Brett in der Sonne getrocknet werden. Für den Bau einer Hütte reicht diese Herstellungsmethode durchaus aus. Das Trocknen der Ziegel dauert bei gutem Wetter etwa einen Monat. Mit diesen Ziegeln kann das Mauern geübt werden.

Rezept für die Herstellung der Ziegel:

Astzelt:
Ein bequemes und warmes Lager läßt sich auch mit noch einfacheren Mitteln ganz schnell errichten: Über einen Ast wird eine Plane gehängt und an beiden Enden auf der Erde mit Feldsteinen befestigt.

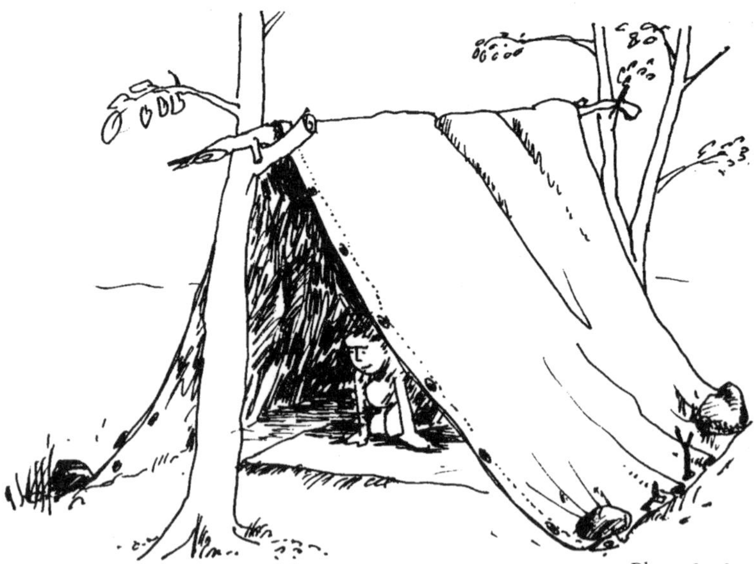

Plane: 2 x 3 m

Beerensträucher:
Die Auspflanzung von Beerensträuchern, die selbst auf kleinstem Raum möglich ist, verbindet das Angenehme mit dem Nützlichen. Sie dienen als natürlicher Sichtschutz, spenden Schatten und unterteilen Flächen. Obendrein sind sie eßbar. Dafür eignen sich auch im Wald beheimatete Beerensorten wie Brombeeren, Himbeeren oder Heidelbeeren.

Besonders vielseitig ist der Holunder. Er wächst praktisch an jedem Standort, seine Blüten und Früchte lassen sich vielseitig verwenden: aus den Beeren läßt sich Saft und Marmelade machen, die Dolden lassen sich in Teig ausbacken und getrocknet zu Tee aufgießen.

Obst- und Gemüsegarten

Kinder erleben immer weniger die Herkunft der Nahrungsmittel. Viele Kinder wissen nicht mehr, was sie essen. Das Wissen um Anbau und Pflege von Nahrungsmitteln hat im Alltag der Lebensmittelmärkte und Tiefkühlkost keine Bedeutung mehr für sie.

Unvergeßlich bleibt mir ein Erlebnis mit einem 10jährigen Hort-Jungen. Im Garten sollten Bohnen gepflanzt werden. Das Saatgut hatte ein Erzieher am Vortag gekauft und in die Küche gelegt. Nach der Bodenvorbereitung baten wir den Jungen, die Bohnen zum Aussäen aus der Küche zu holen.

Er kam nach zwei Minuten wieder – mit einer Dose grüner Bohnen und einem Dosenöffner in der Hand!

Indem dieser Junge den Dosenöffner gleich mitbrachte, zeigte er ein hohes Maß an lebenspraktischen Fähigkeiten. Daß er über die Unmöglichkeit, Dosenbohnen zum Keimen zu bringen, nicht Bescheid wußte, zeugt nicht von minderer Intelligenz, sondern von eingeschränkten Erfahrungswelten, in denen er aufwuchs. Umweltpädagogik muß darauf abzielen, auch in diesem Bereich die Erfahrungsmöglichkeiten zu erweitern.

Ein Ost- und Gemüsegarten für Kinder:
Im Kindergarten und in der Schule läßt sich ein Gemüsegarten relativ einfach anlegen und unterhalten. Radieschen, Mohrrüben, Salat, Bohnen, Erbsen, Kartoffeln – all dies sind Lebensmittel, die mit den Kindern zusammen angebaut und gepflegt werden können. Dabei muß nicht die Selbstversorgung im Vordergrund stehen, sondern die exemplarische Erfahrung des Wachsens und Gedeihens. Immer wieder ergibt sich so die Möglichkeit, Zwischen- oder Hauptmahlzeiten aus dem Selbstangebauten gemeinsam herzustellen und einzunehmen. Das Ende des Gartenjahres kann ein Fest krönen, auf dem auch die Wünsche und Pläne für das kommende Jahr besprochen werden können.

Obstbäume statt Eichen:
Bei der Umgestaltung – gerade von Schulhöfen – wird auch die Neupflanzung von Bäumen mitbedacht werden müssen. Hier sollten Obstbäume (Apfel, Birne, Pflaume, Kirsche) in die Überlegungen einbezogen werden.

Wildkräuter:
Viele Unkräuter bieten als Wildkräuter eine Erweiterung des Speisezettels. Werden sie im Kindergarten geduldet und respektiert, können sie geerntet und zubereitet werden. Auch wenn nicht alle Kinder für Brennesselsuppe, Löwenzahnsirup, Gierschspinat oder Kräuterbrot zu begeistern sind, fasziniert die Eßbarkeit der Natur doch viele. Auch Kräuter, die sich zur Teezubereitung eignen, sind empfehlenswert: Pfefferminze, Zitronenmelisse oder Kamille.

Kräuterspirale:
Ist nur wenig Platz im Außengelände vorhanden, läßt sich eine Kräuterspirale anlegen, die von außen nach innen spiralförmig ansteigt und in einen Miniteich mündet. Letzteres kann eine kleine Schüssel oder ein ausgehöhlter Naturstein sein.

Auf einer Grundfläche von etwa drei Quadratmetern beginnen wir an der Spiralspitze mit der Aussaat von Thymian und Majoran. Sie gedeihen gut auf Sandböden und lieben die Sonne. Nach unten hin wird der Boden fetter (humushaltiger und lehmiger) und wird mit entsprechenden Pflanzen bestückt (Petersilie, Ringelblumen, Kresse, Minze).

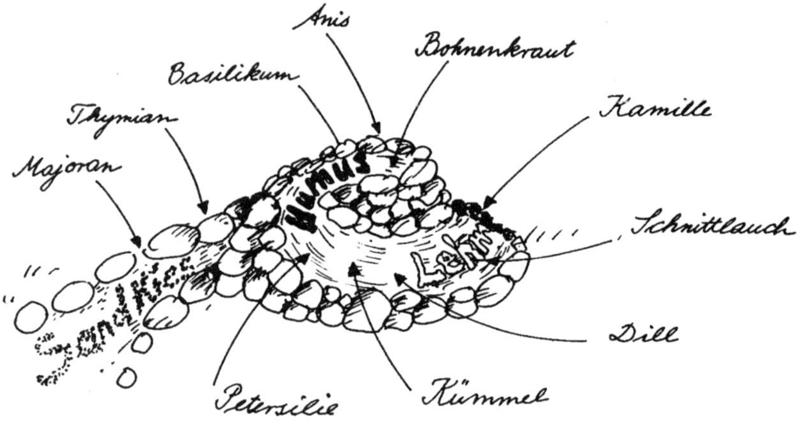

Die Kinder lernen durch Beobachtung, an welchem Standort sich die Pflanzen wohlfühlen und setzen diese bei Bedarf vorsichtig um. Die Kräuterspirale wird nicht nur zu einem optischen Mittelpunkt des Gartens, sondern ebenso zum Beobachtungs- und Experimentierfeld. Sie eignet sich auch als Duftparcours.

Hügelbeet:
Eine spannende Aktion ist das Anlegen eines Hügelbeetes. Dieses wird im Herbst angelegt. Es ähnelt in seiner Anlage einem Komposthaufen und wird folgendermaßen (von unten nach oben) aufgeschichtet:

- Äste und Zweige
- Grassoden
- Laub
- Grobkompost
- Feinkompost und Erde

Das Umweltbundesamt hält Informationsbroschüren bereit. Ein Hügelbeet kann vier Jahre für den Gemüsebau genutzt werden, dann ist das Material im Innern verrottet (vgl. auch Naturschutzzentrum Nordrhein-Westfalen 1991; Frey 1989).

Bei der Gestaltung von Schulhöfen und Kinder-„Gärten“ sollte man danach trachten, natürliche Gegebenheiten zu unterstützen, statt den künstlichen und austauschbaren Abenteuer-Spielplatz nach (pädagogischen) DIN-Normen zu gestalten. Nicht spektakulär, sondern phantasieanregend, nicht durchgeplant und fertig, sondern wild und veränderbar sollte der neue Garten sein – fragen Sie Ihre Kinder nach ihren Wünschen!

3.4. Natur in den Innenräumen

Natur in Innenräumen – dieses scheint zunächst ein Widerspruch zu sein. Unser Alltagsverständnis verortet Natur in der Regel nur draußen – im Garten, im Wald, an der See.

Aber auch Räume können unterschiedlich gestaltet und eingerichtet sein. Da Kinder gerade in den Städten immer mehr Zeit **in** Räumen als außerhalb verbringen, ist zu prüfen, ob umweltpädagogische Aspekte auch hier eine Rolle spielen.

An dieser Stelle bietet sich als Ausgangspunkt ebenfalls eine umweltpädagogische Erkundung der Innenräume (in Kindergarten, Schule oder Elternhaus) an.

Eine sinnliche Erkundung der Innenräume:
Am Anfang steht die Beobachtung der Alltagsgewohnheiten Ihrer Kinder/Jugendlichen. Versuchen Sie über den Zeitraum von einigen Tagen zu entdecken:

- Wo halten sich die Kinder/Jugendlichen häufig, wo nur selten auf?
- Zu welchen Tätigkeiten nutzen sie bestimmte Raumbereiche?
- Wie halten sie sich in den Räumen auf (Sitzen sie vorwiegend? Bewegen sie sich)?

Und jetzt geht‘s los. Erwachsene nehmen Räume vor allem unter funktionalen Gesichtspunkten wahr. Das, was als praktisch oder unpraktisch gilt, wird danach bewertet, ob es dem von uns definierten „Raumzweck“ entspricht. Mit der folgenden Übung können Sie Ihre Sensibilität für alternative Raumerlebnisse von Kindern und Jugendlichen erhöhen.

Diese Übung teilt sich in drei Phasen.

I. Am Anfang steht eine Entspannungsphase, die die Konzentration auf die Raumerfahrungen erhöht und die Loslösung von eingefahrenen Wahrnehmungsmustern erleichtert.

II. Daran anschließend wird zunächst das eigene Raumempfinden bewußt gemacht. Dieses kann später mit den vermuteten Raumerlebnissen der Kinder oder Jugendlichen verglichen werden.
III. Zum Abschluß geht es schließlich um die Raumerfahrungen, die die in diesen Räumen lebenden Kinder oder Jugendlichen vermutlich machen.

Günstig ist es, wenn diese Erkundung nicht allein, sondern gemeinsam mit KollegInnen durchgeführt wird. Vor allem der Austausch über die eigenen Erlebnisse und Empfindungen ist von besonderer Wichtigkeit. Um diese Übung nicht zu lang werden zu lassen, können die erste und zweite bzw. die erste und dritte Phase getrennt bearbeitet werden; die Übung kann auch in der zweiten und dritten Phase gekürzt werden. Die genauen Impulse sollten nach den Räumen gewählt werden. Der folgende Text ist daher als Anregung zu verstehen und kann nach Ihren Bedürfnissen variiert werden.

Musik kann Phantasiereisen produktiv, aber auch hemmend beeinflussen. Hören Sie sich die Musik, die Sie einsetzen wollen, daher vorher an und prüfen Sie, ob sie zu den Inhalten der Meditation paßt.

Wenn Sie eine Phantasiereise zum ersten Mal anleiten, denken Sie daran, daß einer der Hauptfehler in zu großer Schnelligkeit liegt. Als selbst nicht „Meditierender“ unterschätzt man die Zeit, die die TeilnehmerInnen brauchen, um ihre inneren Erlebnisse ausschöpfen zu können. Ein hilfreicher Trick am Anfang könnte sein, zwischen den Sätzen langsam und gleichmäßig bis zehn zu zählen.

Wählen Sie zunächst den Raum, in dem sich die Kinder am häufigsten aufhalten (Spielraum, Klassenzimmer).

Es empfiehlt sich, für diese Übung eine Moderatorin zu wählen, die die Gruppe durch die einzelnen Wahrnehmungsphasen führt.

I. Schließen Sie Ihre Augen und entspannen Sie sich.
Sie kommen innerlich zur Ruhe.
Spüren Sie Ihren Körper eine Weile ganz bewußt,
Ihre Arme, die ganz schwer werden,
Ihre Beine, die ganz schwer werden.
Spüren Sie, wie der Körper den Boden berührt.
Sie sind jetzt ganz schwer
und ganz entspannt.

Ihr Atem fließt wie ein ruhiger Strom durch den ganzen Körper.
Sie sind ganz ruhig und entspannt.
Sie spüren Ihren Bauch, wie er sich beim Einatmen vorwölbt und beim Ausatmen zurückfällt.
Sie spüren Ihren Brustkorb, wie er sich beim Einatmen ausdehnt und beim Ausatmen zurückfällt.
Beim Atmen spüren Sie Ihre Nasenflügel, durch die die Luft ein- und ausströmt.
Sie atmen gleichmäßig und ruhig.
Stellen Sie sich vor, daß bei jedem Ausatmen aller Streß, alle Anspannung und alle Ärgernisse der letzten Zeit ausgeatmet werden.
Stellen Sie sich vor, wie mit jedem Einatmen ganz viel neue Energie und Kraft in Sie strömt.

II. Öffnen Sie die Augen jetzt.
Schauen Sie sich im Raum um. Was nehmen Sie als erstes wahr?
Welchen Eindruck macht der Raum auf Sie?

Suchen Sie sich einen Platz im Raum, der Ihnen angenehm ist. Sie können sich dabei hinsetzen, hinlegen, auf etwas hinaufklettern – ganz wie es Ihren Bedürfnissen entspricht.
Schauen Sie sich von diesem Platz aus um – was macht diesen Platz zu einem angenehmen Platz?
Nehmen Sie mit allen Sinnen wahr: Was sehen Sie, was riechen Sie, was fühlen Sie, was hören Sie?
Bewegen Sie sich jetzt zu dem Platz, der Ihnen am unangenehmsten ist.
Schauen Sie sich von diesem Platz aus um – was macht diesen Platz zu einem unangenehmen Platz?
Nehmen Sie ihn mit allen Sinnen wahr: Was sehen Sie, was riechen Sie, was fühlen Sie, was hören Sie?
Bewegen Sie sich zu einem „neutralen" Ort.

III. Schließen Sie die Augen nochmals, und erinnern Sie sich an die häufigsten Aufenthaltsorte Ihrer Kinder oder Jugendlichen. Öffnen Sie die Augen und stellen, sitzen, legen Sie sich an einen dieser Plätze – so wie es auch die Kinder oder Jugendlichen tun. Denken Sie dabei an die andere Größe der Kinder.
Sehen Sie sich um: Was können Sie von hier aus sehen? Wo behindert etwas Ihren Blick? Wie sind die Lichtverhältnisse von hier aus? Gibt es Durchsichten? Was macht aufgrund des Schauens neugierig? Sehen Sie Natur? Wie empfinden Sie die optischen Reize dieses Raumes?
Was fühlen Sie? Welche Struktur hat der Untergrund, auf dem Sie sich befinden? Welche anderen Materialien sind um Sie herum? Wie fühlen die sich an? Wie empfinden Sie diese Berührungen?
Was hören Sie? Welche Geräusche kommen aus dem Raum? Welche Geräusche dringen von draußen herein? Können Sie Natur hören? Was möchten Sie gerne hören?
Was riechen Sie? Erkennen Sie einen für diesen Platz typischen Geruch? Riechen die Möbel oder der Untergrund unter Ihnen? Riechen Sie Natur?
Bewegen Sie sich durch den Raum in der Höhe der Kinder bzw. Jugendlichen. Wie verändert sich der Raum? Was wird als angenehm, was als unangenehm erlebt? Welche Wünsche nach Veränderung werden wach?

Zum Abschluß dieser Übung legt jeder, ohne mit den anderen zu sprechen, seine Wünsche nach räumlichen Veränderungen auf einem großen Plakat nieder (in Schrift oder Bild). Diese Plakate bilden den Ausgangspunkt des folgenden Auswertungsgespräches.

Im weiteren werden dann die einzelnen Punkte dieser Raumerkundung miteinander ausgetauscht. Die Erfahrungen der einzelnen werden miteinander verglichen. Hier sollte vor allem auf die Erfahrungsvielfalt, die sinnlichen Erlebnismöglichkeiten in den Räumen und die emotionalen Reaktionen auf diese Erlebnismöglichkeiten geachtet werden.

Dabei wird deutlich werden, daß Raumerkundungen viele unterschiedliche Aspekte der Einrichtung deutlich werden lassen. Umweltpädagogik ist auch an diesem Punkt kein isolierter Bereich, sondern umfaßt die gesamte Einrichtungswelt.

Diese oder eine ähnliche Erkundung verändert den Blick auf die alltäglichen Räume. Durch sie werden vielfältige erwachsene und kindliche bzw. jugendliche Bedürfnisse hinsichtlich der Innenräume deutlich. Vielleicht hat sie auch schon zu einzelnen Veränderungsideen geführt.

Auch in den Innenräumen ist es die Aufgabe von Umweltpädagogik, die ökologischen und pädagogischen Kriterien miteinander zu vereinbaren.

Pädagogische Anforderungen

Kinder wollen:
- die Räume in allen Ecken erleben: Sie nehmen nicht nur die von Erwachsenen für sie vorgesehenen Plätze ein, sondern erkunden alle Winkel des Raumes.
- flexible Räume: Sie verändern Räume entsprechend ihrer augenblicklichen Spiel- oder Arbeitsbedürfnisse. Dabei funktionieren sie Möbel um, verschieben sie oder bauen mit ihnen.
- sich verstecken: Sie benötigen Räume, die uneinsichtig sind, in denen Geheimnisse entwickelt oder hergestellt werden können.
- arbeiten, spielen, toben und abschalten: Sie brauchen Räume, die unterschiedlichen Aktivitätsbedürfnissen Rechnung tragen.
- die Elemente erleben: Wasser, Erde, Luft und Untergrund bestimmen auch in Innenräumen die Erfahrungsmöglichkeiten der Kinder.
- vielfältige Anregungen: Sie brauchen Bastel-, Spiel- und Lernmaterial, mit dem sie selbständig umgehen und handeln können. Dabei spielen vor allem nicht-spezifische Materialien, wie sie Naturmaterialien darstellen, eine besondere Rolle.

Ökologische Anforderungen

Die Erkenntnisse der Baubiologie haben den großen Einfluß ökologischer Kriterien auf die Befindlichkeit der hier Wohnenden deutlich gemacht.

Ökologie in Innenräumen umfaßt:
- Baumaterialien im Außenbereich: Das Raumklima, aber auch die Atmosphäre wird durch diese Baumaterialien in erheblichem Ausmaß mitbestimmt.
- Baumaterial im Innenbereich: Wände, Fußböden, Fenster, Treppen etc. sollten mit ökologisch unbedenklichen Stoffen gestaltet werden. Dieses beinhaltet auch die Produkte, die den Innenräumen Schutz und Farbe geben (Farben, Lacke, Lasuren etc.).
- Möblierung: Holz statt Kunststoffe, flexibel statt statisch, vielfältig statt eindimensional nutzbar – dieses sollten Ansprüche an die Möblierung der Räume sein, in denen Kinder spielen und arbeiten.

– Spiel und Lernmaterialien: Gerade hier können viele industriell gefertigten Produkte durch natürliche Materialien ersetzt werden. Hölzer, Früchte, Federn, selbst angefertigte Schminke und Knete – es gibt vielerlei Möglichkeiten, den Spielzeugbestand ökologisch neu zu gestalten. Recyclingfähigkeit sollte bei allen Anschaffungen ein Auswahlkriterium sein.

Eine Verbindung dieser beiden Kriterien bei der Gestaltung führt zu interessanten und phantasieanregenden Innenräumen. Im folgenden werden einzelne Anregungen für die Einrichtungen Kindergarten bzw. Schule gegeben. Sie müssen für die jeweilige Ziel- und Altersgruppe entsprechend variiert und umgewandelt werden.

Raumgestaltung

Eine ganzheitliche Wahrnehmung der Natur und ein kreativer Bezug zur Umgebung müssen auch in Innenräumen möglich sein. Räume, die nach herkömmlichem Muster lediglich den Fußboden und die Tische als Spiel- und Arbeitsebenen bieten und deren Spiel- und Arbeitsbereiche streng nach Zweckrationalität getrennt sind, bleiben monoton und einfach.

Raumgestaltung regelt auch, ob Kinder den Raum zu ihrem Raum machen können oder ob sie sich seinen Bedingungen unterwerfen müssen. Räume können zur Kreativität oder zur Stillbeschäftigung auffordern, je nach Gestaltung. Zweckmäßige gradlinige, erwachsenengemäße Gestaltung verursacht schnell ein Nicht-Dürfen, das bald unmerklich im Nicht-Können endet. Räume dürfen nicht festgelegt sein. Sie müssen unterschiedliche Aktivitäten zulassen. Um die Bewegungsfreiheit nicht einzuschränken, sollten Kindertagesstättenräume über bewegliches Mobiliar verfügen. Große, feststehende Tische animieren vor allem zum Sitzen, nicht zu raumergreifendem und -erfahrendem Spielen. Auch der Bauteppich ist ein überflüssiges Relikt, denn Bauen ist eine expansive Tätigkeit, die z.B. auf einem Podest (40 cm Höhe mit unterschiebbaren Rollschubladen für die Bausteine) stattfinden kann. Hier können die Bauwerke dann auch erhalten bleiben und bewundert werden.

„*Wohnen heißt Spuren hinterlassen*“ schreibt Walter Benjamin (zit. nach Mahlke 1989, S. 34) in der Emigration. Spuren hinterlassen bedeutet, in einem wohnlichen Umfeld bleibende Zeichen zu produzieren. Wer keine Spuren hinterlassen darf, wie beispielsweise eine bemalte Wand, hinterläßt gerne vandalistische, destruktive Spuren. Das bedeutet, daß freie Wände zum Malen, Holzwände zum Anbringen von Zeichnungen, Konsolen zum Aufstellen plastischer Arbeiten, Schaukästen zur Präsentation wertvoller Objekte und Raumteiler für Poster und Wandschmuck vorhanden sein müssen.

Nun muß das Auge zwar stimuliert werden, braucht aber auch Ruhepunkte zum Entspannen. Räume müssen neben aller Lebendigkeit auch Ruhe ausstrahlen.

Wandgestaltung:
erschöpft sich nicht nur im Bemalen oder Bekleben von Wänden. Gestaltungsvermögen entwickelt sich vor allen Dingen durch Materialien mit Aufforderungscharakter wie z.B.:
- ein großer provisorischer handgearbeiteter Webrahmen (direkt an einer Wand angebracht) mit vielen Materialien, die zum Gestalten anregen (gefärbte Schafwolle, Federn, Textilstreifen u.a.m.);
- großflächige Straminstücke und entsprechende Garne für eine textile Wandgestaltung;
- in Raumteiler integrierte, fest installierte Puppenbühnen, die zum Theaterspiel anregen;
- eine Schatztruhe für jedes Kind (auch für Schulkinder), die „Eigentumsfächer" ablösen und zum individuellen Aufbewahren von „Schätzen" (Sticker, Puppen, Muscheln, alte Buntstifte) auffordert;
- einen großen Tisch, auf dem ständig „Sammlerstücke" aufbewahrt und ausgestellt werden. Das sind Dinge, die Kinder, Lehrkräfte, ErzieherInnen oder Eltern mitbringen, die Projekte begleiten und veranschaulichen;
- Verkleidungsutensilien, die sichtbar auf einem Bügel hängen und damit Aufforderungscharakter besitzen.

  etc.

„Räume bestimmen Erfahrungsmöglichkeiten, und Erfahrungen lenken die Aneignung von Räumen." (Schneider 1987, S. 33) Umweltpädagogische Konzepte müssen bei der Raumgestaltung auf Vielfalt, Flexibilität und Kreativität achten. PädagogInnen können sich bei der Raumgestaltung von ihrer Phantasie und den Wünschen und Ideen der Kinder bzw. Jugendlichen leiten lassen. Nur so erleben diese die Räume als ihre Räume, die sie dann auch entsprechend verantwortungsvoll nutzen (weniger Reparaturen sind auch ein Beitrag zur Umwelt).

Der Spaziergang und die Schule:
Stellen Sie sich vor, Sie und Ihre Klasse brechen zu einer Tageswanderung auf und geraten an eine Strecke, die schnurgerade, hellerleuchtet, vollkommen hindernisfrei und eben ist, keinerlei Abwechslung bietet und auch an den Straßenrändern mit einer durchgängig sauber geschnittenen grünen Hecke gesäumt ist. – Nach wenigen Kilometern begännen die Kinder zu maulen, und auch Sie würden ermattet sein, weil die Eintönigkeit alle Beteiligten zermürbt.

Und nun stellen Sie sich eine Wanderung durch ein abwechslungsreiches Gebiet vor, die über Stock und Stein führt, schlüpfrige Stellen enthält, zum Balancieren auffordert, alle Sinne in Anspruch nimmt, weil es viel zu sehen, zu hören, zu schmecken und zu riechen gibt. – Alle wären wach und neugierig, die Sinne würden beansprucht, Aktivitäten würden für Abwechslung sorgen. SchülerInnen und LehrerInnen würden immer wieder „auftanken", erfrischt an neue Aufgaben gehen, Ermüdungserscheinungen treten nicht auf oder wären eingeschränkt (vgl. Kükelhaus/Zur Lippe 1982, S. 42f.).

Was hat so ein Spaziergang mit Schule zu tun?

Auch Schulräume haben oft die Wirkung einer eintönigen Betonstraße, die zu Ermüdungserscheinungen führt. Unter anderem führt auch diese Monotonie zur Aggressivität im Klassenzimmer. Die Tristesse mancher Klassenzimmer lädt geradezu zur Zerstörung ein. Ein Gebäude, das zu phantasievollem Lernen anregen soll, muß gestaltet werden wie ein aufregender Spaziergang. Es muß zu eigenverantwortlichem Handeln anregen, Mut und Lust am Lernen wecken, Geborgenheit vermitteln, Bewegung ermöglichen, kuschelige Nischen bereithalten und Platz für laute und leise Stimmungen haben. Kurz: Schulgebäude und Klassenzimmer müssen den kindlichen Bedürfnissen gerecht werden.

Um Kinder und Jugendliche Räume mitgestalten zu lassen, müssen wir uns neue Wege der kindlichen Mitbestimmung und Mitgestaltung ausdenken. Nur so verhindern wir, daß von familiären Erfahrungen und Modezeitschriften geprägte Gestaltungselemente dominieren. Einige Möglichkeiten hierzu sind im folgenden genannt:

Das Zauberlein – Eine Geschichte zur Phantasieanregung für kleine Kinder:
„Es war einmal in einem Land, das sehr weit weg von hier ist, eine Schule (ein Kindergarten). Hier lebten Mädchen und Jungen wie ihr. Die Schule (der Kindergarten) hatte einen großen Garten und viele Räume für die Kinder. Einiges an den Räumen fanden sie schön, anderes gefiel ihnen überhaupt nicht. Und nun geschah eines Tages etwas Sonderbares: Als sie gerade beim Frühstücken waren und beratschlagten, was sie spielen wollten, hörte ein Kind plötzlich ein ganz leises Geräusch. Es klang wie ein fernes Klingeln. ‚Hört doch mal', sagte es den anderen Kindern. ‚Da ist doch etwas.' Langsam wurden alle Kinder leise – und tatsächlich. Da hörten sie alle ein Geräusch, das sie noch nie gehört hatten. Es klang, als wenn viele Glöckchen in verschiedenen Größen eine wundersame Melodie spielten. Und plötzlich saß auf dem freien Stuhl, der zwischen ihnen stand, ein Kind – ein wundersames Kind mit blitzblanken, frechen Augen. Auf dem Kopf hatte es einen großen roten und grünen Hut, auf der rechten Schulter krochen zwei samtene Raupen. In der Hand hielt es einen großen roten Apfel, in den es mit Appetit hineinbiß. Und während es dieses tat, bewegten sich an seinem Hemd unzählige schillernde Glöckchen. Dieses war das Geräusch, das die Kinder gehört hatten.

‚Oh wie langweilig, sitzt ihr immer so brav am Tisch?', fragte es. ‚Ich esse meinen Apfel am liebsten beim Schaukeln, dann rutschen die Apfelstücke besser in meinen Bauch'– und schwupps, saß es auf einer Schaukel, die plötzlich mitten im Raum hing. Die anderen Kinder machten ihm schnell Platz und staunten. Und dann wollten sie ganz viel wissen: ‚Wer bist du? Wie heißt du? Wo kommst du so plötzlich her? Kann ich auch einmal schaukeln?'

Das fremde Kind war ein Zauberlein – das sind die Kinder der großen Zauberfrauen und Zaubermänner. Und es war einfach von zu Hause ausgebüchst, weil es ihm dort zu langweilig war. Wenn wenigstens ein klitzekleiner Baum zum Klettern in der Höhle stände oder eine Matschkuhle für seinen Lieblingsfrosch. Und nun wollte das Zauberlein sich anschauen, wie es anderswo aussieht.

Und plötzlich fiel dem Zauberlein etwas ein: ‚Wißt ihr was, wir erfinden unser Traum-Spiel-Zimmer, ihr helft mir dabei. Ich kann doch zaubern! Ihr malt ein supertolles Klassenzimmer (Spielzimmer) und ich zauber euch das dann hierher.'

Und dann haben alle Kinder dem Zauberlein geholfen und viele bunte Bilder gemalt mit ihren Lieblingszimmern. Und das Zauberlein hat all diese Bilder angeschaut, war ganz begeistert und hat aus allen Bildern zusammen einen Klassenraum (Spielraum) gezaubert. Und das hat ihm so viel Spaß gemacht, daß es immer noch auf Bilder von Kindern wartet, um noch mehr tolle Räume zu zaubern. Und da das Zauberlein jetzt ganz gut zaubern gelernt hat, könnt ihr euch wirklich alles wünschen, was euch einfällt und vielleicht sogar ein bißchen mehr."

Und es geht weiter mit vielen Bildern, die die Kinder von ihren Lieblingsräumen malen. Diese Bilder sind Grundlage für weitere Gespräche über die Raumgestaltung, denen allerdings auch Taten folgen müssen. Auch aus den phantastischsten Bildern können einzelne Elemente herausgenommen und für die konkrete Raumplanung genutzt werden.

Zeitungsanzeige – Wir suchen einen neuen Klassenraum:
Die Kinder werden aufgefordert, ein Zeitungsinserat herzustellen (Kinderdruckerei, Freinet-Material, Schreibmaschinen, Computer). In Kleingruppen entwerfen alle Kinder ein Inserat unter dem Motto „Klassenraumsuche". Sie können in diesem Inserat alle Wünsche äußern, nachdem in der Kleingruppe Konsens hergestellt wurde. Alle „Inserate" werden an die Klassenzimmerwand geheftet.

Die Inserate können verschieden ausgewertet werden:

- Alle Kinder bekommen fünf rote Klebepunkte, die sie nach Wertschätzung auf die Inserate verteilen. Der meistgesuchte Klassenraum wird als Modell gebaut.
- Alle Inserate werden gemeinsam betrachtet, Vor- und Nachteile werden besprochen, wenn möglich wird ein neues gemeinsames Modell entworfen.

Klassenraummodell:
Die Klasse sammelt: Umzugs-, Fernseh-, Waschmaschinenkartons, Pappschachteln, Kronkorken, Wellpappe und andere wiederverwertbaren „Abfallprodukte". Aus diesen Utensilien wird ein Modellklassenzimmer gebaut. Die LehrerInnen können Impulse geben: Raumteiler, Podeste, Ecken, Nischen, Aufbewahrmöglichkeiten, Spielecken, Bewegungsraum etc.

Idealerweise wird das Modell so realistisch gestaltet, daß Lehrkräfte, Eltern und Kinder gemeinsam das Klassenzimmer nach dem Entwurf der Kinder umgestalten können.

Ich verändere mein Klassenzimmer – Malspiel:
Ein großer Packpapierstreifen wird auf den Fußboden geklebt. In größeren Abständen stehen Pinsel, Farben, Lappen und Wasserbecher bereit. Die Kinder stehen in kleinen Gruppen (3–4 Kinder) an einer „Farbstation" und beginnen ein Klassenzimmermodell zu malen. Nach etwa 10 Minuten werden die Kinder gebeten, die nächste „Malstation" aufzusuchen, um das dortige Bild zu vervollständigen usw.

Mit dieser Methode bekommen die Kinder für ihre eigenen Ideen durch die jeweils neuen Zeichnungen der anderen Gruppen immer neue Anregungen. Vielfältige Phantasien werden so freigesetzt.

Gruppenaufgabe – Wir ändern die Schule:
Der Fußboden wird mit großen bunten Tonpapierscheiben und Schnüren, die mit Tesafilm auf den Boden geklebt werden, zum Spielfeld. Neben den normalen Feldern (z.B. weiß) gibt es verschiedene andersfarbige Felder. Grüne Punkte markie-

ren Fragestationen, rote Punkte Aufgabenstationen. Die Kinder agieren als Spielfiguren. Spielregeln werden auf ein großes Plakat, das an der Wand hängt, geschrieben. Jeder Spieler erhält eine Nummer, die sichtbar am Körper befestigt wird. Dabei wird jede Nummer drei- oder vierfach vergeben, damit die Kinder dieses Spiel als Gruppe durchlaufen. Alle Kinder bewegen sich vom Start aus in Richtung Ziel. Um voranzukommen, wird mit einem großen Würfel (selber machen!) gewürfelt.

In einem Schuhkarton befinden sich auf grünen Blättern verdeckt Fragen zur ökologischen Gestaltung der Schule, in einem weiteren Schuhkarton finden sich auf roten Blättern Aufgaben zur umweltfreundlichen Umgestaltung von Schule.

Die Spielgruppen arbeiten parallel. Während des Spiels lösen die Spielgruppen bestimmte Fragen bzw. Aufgaben. Die Antworten und Ergebnisse werden auf DIN A 4 Bögen festgehalten und an die Wand geklebt. Am Ziel angekommen muß eine vorher festgelegte Anzahl von Fragen bzw. Aufgaben beantwortet bzw. gelöst sein.

Spielregeln:
- Jeder Spieler zieht seine Nummer und befestigt sie mit Tesa-Krepp am Körper. Die jeweiligen Spielpartner finden sich. Jede Spielgruppe erhält einen Würfel und beginnt.
- Wer zu einem Aufgabenpunkt oder zu einem Fragenpunkt kommt, zieht einen Zettel und erfüllt die Aufgabe bzw. Frage. Die Lösungen und Antworten werden aufgeschrieben.
- Sind die Aufgaben gelöst, werden sie wieder in den Aufgabenkasten geworfen. Eine andere Gruppe kann sie dann vielleicht erneut ziehen.
- Um die Ziellinie überschreiten zu dürfen, benötigt die Gruppe mindestens 5 gelöste Aufgaben oder beantwortete Fragen.
- Begegnen sich zwei Spielgruppen auf einem Feld, haben sie gemeinsam einen Wunsch frei, der sich auf die Schule bezieht.
- Wer am Ziel angelangt ist, denkt sich neue Aufgaben oder Fragen aus, die das Spiel ergänzen.

Mögliche Fragen:
- Was gefällt Euch in unserem Klassenzimmer gar nicht?
- Was würdet Ihr ändern, wenn Ihr Direktorin oder Direktor dieser Schule wärt?
- Was fällt Euch ein, wenn Ihr „grünes Klassenzimmer“ hört?
- Was könnten wir sofort im Klassenzimmer oder in der Schule verbessern?
- Gibt es in der Schule Natur?
- Wie kann man auch draußen Unterricht machen?

Mögliche Aufgaben:
- Stellt eine Liste auf, in der Ihr alle umweltschädlichen Materialien des Klassenzimmers nennt!
- Pflückt einen schönen Strauß und schmückt damit den Raum!
- Schreibt einen Brief an den Direktor/die Direktorin der Schule: Wie die Schule umweltfreundlicher werden könnte!
- Malt ein Bild: Das grüne Klassenzimmer!
- Überlegt, wer Euch bei der Gestaltung eines grünen Klassenzimmers helfen kann!
- Fragt den Hausmeister Eurer Schule, was mit dem Müll geschieht, überlegt Alternativen, oder malt ihm eine Umwelturkunde!
- Malt eine Umwelturkunde, und vergebt sie an jemanden aus der Schule, der sie verdient hat.

Zum Spielabschluß werden alle Antworten und Lösungen vorgetragen. Sie können in der Klasse besprochen und auf Originalität, Realisierbarkeit etc. überprüft werden. Neben dem Spaß am Spiel eröffnet diese Aktivität Möglichkeiten für Gespräche über die ökologische Gestaltung der Schule.

Sinnliche Gestaltungselemente:

Daß sinnliche Wahrnehmung auch in Innenräumen von Bedeutung ist, wird oft vergessen. Die Ansprache aller Sinne muß in der Raumplanung und -gestaltung eine wichtige Rolle spielen.

Sehen

Ästhetische Elemente sind gerade in der Arbeit mit Kindern bedeutsam. Die Harmonie bzw. Spannung zwischen Farbgebungen, die Unruhe oder Ruhe, die einen Raum auch optisch auszeichnet, die Formgebung und Raumgestaltung – die Bewohner des Raumes erhalten durch die optische Gestaltung viele Reize.

Farben:
Besonders die farbliche Gestaltung des Raumes spielt für das Wohlbefinden eine wesentliche Rolle. Dabei werden Farben oft lieblos behandelt. Man geht davon aus, daß Kinder es so bunt wie möglich lieben und verliert dabei das Gefühl für Abstufungen und Harmonien. Nun ist es durchaus so, daß Kinder grelle Farben lieben, aber nicht als ständiges Farbenfeuerwerk, sondern als akzentuierende Punkte in harmonisch aufeinander abgestimmten Farbgebungen. Der Einfluß der Farbe auf das menschliche Gemüt ist vielfach beschrieben worden.

Farb-Empfinden: Betrachten Sie über einen längeren Zeitraum hinweg eine Farbe. Schließen Sie dann die Augen, und spüren Sie der Wirkung der Farbe nach. Beschreiben Sie oder malen Sie Ihre Empfindungen.

Möglicherweise empfiehlt es sich, den Klassen- oder Gruppenraum neu zu streichen – oft aber reichen schon Farbimpulse, um Veränderungen der Raum-Stimmung zu erzielen. Die Farbgebung von Bastel- und Arbeitsmaterialien, Vorhängen und Tischdecken, Blumensträußen, Bildern, Tüchern, ja selbst der Kleidung der ErzieherInnen hat erstaunliche Wirkungen (vgl. Vollmar 1992, S. 30).

In einem Kindergarten, dessen Wände mit einem warmen Oliv gestrichen wurde, achteten die Kinder sorgfältig darauf, daß diese Wand nicht zugehängt wurde, weil die Kinder das Grün nicht verdecken wollten.

Fenster:
Die Fenster des Klassen- oder Gruppenraumes sollten nicht verhängt und der Raum so nicht von der Außenwelt abgeschottet werden. Fenster sollen Licht hereinlassen. Am Fenster angebrachte Transparentpapierblätter lassen mit verschiedenen Farben experimentieren. Die Fensterbänke können mit Farbsammlungen (alles mit einer Farbe wird gesammelt) geschmückt und in ihren unterschiedlichen Wirkungen beobachtet werden.

Spiegel:
Augen mögen Kaleidoskope und Spiegel für Farb- und Lichterlebnisse. Spiegel verändern und weiten den Blick. Sie ermöglichen vielfältige Reflexionen, lassen Räume in einem neuen Licht erscheinen. Spiegel motivieren dazu, sich selbst anzuschauen, sich in unterschiedlichsten Gestaltungen wahrzunehmen (geschminkt, verkleidet, Grimassen schneidend, gestikulierend). Der Spiegel ist ein wichtiges Instrument der Selbstwahrnehmung und Selbstfindung. Kinder betrachten sich im Spiegel und entdecken sich selbst. Deswegen gehören Spiegel in allen Größen und Variationen (auch Zerrspiegel) in Schule und Kindertagesstätte (vgl. Hermann et al. 1989, S. 20f).

Hören

Räume haben viele Geräusche. Geräusche, die von außen hereindringen, Geräusche, die im Raum vorhanden sind. Diese können als angenehm oder unangenehm empfunden werden.

Akustische Raumgestaltung:
Achten Sie bei der Raumgestaltung und -ausstattung auf angenehme und unangenehme Geräusche:
- Vorhänge und Textilien schlucken den Schall.
- Porzellangeschirr und Gläser vermitteln andere (anheimelnde) „Mahlzeit-Geräusche" (im Gegensatz zum bruchsicheren Plastik-Geschirr).
- Türglocken und Windspiele im Eingangsbereich, die mit den Kindern gemeinsam ausgewählt werden, sind ein vertrauter Willkommensgruß für jeden Besucher.
- Materialien zum Geräusche-Machen ermöglichen einen Wechsel zwischen laut und leise: für alle zugängliche Musikinstrumente, Tonpfeifen, leere Flaschen, Bambusrohre, Kämme, „Nagelharfen", Blumentopfglocken, Joghurtbecherrasseln, Blechdosenbongos etc.

Planen Sie die akustische Gestaltung Ihrer Räume sensibel und sparsam (im Gegensatz zum Wegschauen gelingt ein Weghören kaum).

Raum-„Hören"
Leihen Sie zusammen mit Ihren Kindern den Alltagsgeräuschen in ihren Räumen Ihr Ohr:
- Wie hört sich der Raum an? (Telephone, Türklingeln, Wecker, Uhren, raschelnde Kissen, knarrende Holzbohlen etc.)
- Können Sie die einzelnen Räume er-hören?
- Wie klingen die Möbel, die Wände, der Boden des Raumes?
- Können Sie zusammen „Raummusik" machen (eine Musik ohne Musikgeräte, lediglich durch die Alltagsgegenstände im Raum)?
- Wie verändern sich Geräusche (beim Öffnen und Schließen des Fensters, beim „Unter-die-Decke-Kriechen", beim Ohren-Zuhalten etc.)?

Riechen

Alltäglich begleiten uns viele Gerüche. Auch wenn Gerüche nicht festzuhalten sind, versetzen gerade sie uns manchmal am schnellsten in die eigene Kindheit zurück. Wer erinnert sich nicht an den typischen Kinderzimmergeruch: eine Mischung aus Holz, Schokolade, den eigenen Fingern und undefinierbarer Muffigkeit.

Gerade über Gerüche kann Natur in die Räume geholt werden: Blumen, Duftlampen, Obst, jahreszeitlich bedingte Düfte (hier besonders die geruchsintensive Weihnachts- und Winterzeit), das Bienenwachs, mit dem die Holzmöbel behandelt wurden etc. Gerüche sollten in Innenräumen bewußt eingesetzt werden, denn die Sensibilität für Gerüche erhöht die Sensibilität für Natur. Aber auch Gerüche müssen sparsam eingesetzt werden.

Raumgerüche:
Vor allem Naturmaterialien haben einen nur ihnen eigentümlichen Geruch:
- mit Bienenwachs behandeltes Holz von Möbeln;
- geflochtene Weiden- und Reisigkörbe zur Aufbewahrung von Spielmaterialien;
- Fußböden oder Wände mit Kork- oder Echtholzbelag;
- unterschiedliche Hölzer wie Fichte, Kiefer oder Lärche;
- behandelte und unbehandelte Schafwolle und andere Textilien zum Weben;
- Ton, Stein, Wachs und ungiftige Materialien zum Gestalten;
- stark und weniger stark duftende Pflanzen in den Räumen (Rosen, Jasmin, Pfefferminze und andere Kräuter etc.);
- Kochen, Backen, Braten und Hantieren mit verschiedenen Lebensmitteln;
- Duftlampen, ätherische Öle, stark duftende Seifen, Obstschalen und Blumen;
- die eigene Herstellung von Duftwässern, Seifen, Hautcremes, Duschgel.

Kommissar Spürnase – ein Spiel:
In diesem Spiel geht es darum, bekannte Gerüche wiederzuerkennen.

In alte Dosen werden verschiedene stark oder schwach riechende Gegenstände gefüllt. Die Dosen werden mit einem Deckel oder Pergamentpapier geschlossen, in das lediglich ein kleines Loch gestanzt wurde. Reihum werden diese Dosen zum Erriechen herumgegeben. Hineinschauen ist verboten!

Die Dosen können auch numeriert werden, und jeder schreibt auf einen Zettel Nummer und erratenen Geruch. Zum Abschluß wird verglichen und bei unterschiedlichen Tips nochmals gerochen.

Die Probleme, die wir mit dem „Wiederriechen" haben, weisen darauf hin, daß unser Geruchssinn verkümmert ist bzw. daß wir kein geübtes „Geruchsgedächtnis" besitzen. Die Gründe dafür können im Abschlußgespräch gesucht werden.

Fühlen

Es gibt Dinge, die zum Anfassen und Befingern anregen, und Gegenstände, bei deren Berührung uns ein kalter Schauer über den Rücken läuft. Die Lust am Fühlen und die Unterscheidungsfähigkeit dafür, was individuell als angenehm bzw. als unangenehm erlebt wird, sensibilisiert auch für Naturwahrnehmungen. Gerade Naturmaterialien bieten hier eine Fülle von angenehmen Fühlreizen. Die Beschaffenheit des Bodens, die Stoffqualität der Kuschelecke, die Struktur der Holztische, das Regal, in dem Tannenzapfen, Steine und Muscheln liegen – all dies bietet sensorische Reize, die Natur auch in den Innenräumen erfahren lassen.

Raumgestaltung:
- Die Auswahl der Gestaltungselemente für Innenräume sollte nicht nur mit dem Auge, den Ohren und der Nase erfolgen, sondern auch mit der Haut. Scheuen Sie sich nicht, bei der Auswahl eines Spielzeuges oder Kinderstuhls diesen mit geschlossenen Augen zu ertasten.
- Raumteiler können mit Fühlanregungen behängt sein: Fellreste, Tapeten mit unterschiedlichen Strukturen, Stoffe, Pappen, Papiere, Filze und andere Gegenstände.
- Fühl-Kästen, in denen Gegenstände ertastet werden können, führen weg von der primär optischen Wahrnehmung unserer Umgebung.

Elemente

Ein wichtiger Ansatzpunkt für die natürliche Belebung der Innenräume ist der Einbezug der vier Elemente.

Feuer, Wasser, Erde und Luft werden oft nur dem Außenbereich zugeordnet. Aber auch in den Innenräumen haben sie Bedeutung und sollten bewußt eingesetzt werden.

Feuer:
Auch in Innenräumen spielte Feuer immer eine wichtige Rolle. Vielfach ist uns dies nicht mehr bewußt. Heute übernehmen Glühlampen die Funktion der Beleuchtung, die Zentralheizung die Funktion der Wärme und Elektroherde die Funktion des Kochens.

Gerade deshalb ist es wichtig, Feuer in Innenräumen in seiner ursprünglichen Funktion wieder erlebbar zu machen:
- Kerzen geben anderes Licht als elektrische Lampen (sie riechen, sie flackern, sie erzeugen eine andere Form von Wärme).
- Die Geschichte am Kaminofen mit Blick in die Flammen gibt dem Winter eine weitere jahreszeitlich bestimmte Komponente.
- An den Geruch des Holzfeuers erinnern sich Kinder auch in späteren Jahren intensiv.

Wasser:
Auch wenn wassersparendes und -schonendes Verhalten in pädagogischen Einrichtungen den Vorrang haben muß, ist es auch ein wichtiger kindlicher Erfahrungsraum. Kinder müssen in der Küche, dem Bad, beim Malen und Werken und anderen Tätigkeiten lustvoll und selbständig mit Wasser umgehen dürfen. Im Aquarium wird Wasser als Lebenselement für bestimmte Tiere erlebbar.

Boden:
Erwachsene schenken dem Boden in der Regel nur wenig Beachtung. Nicht zuletzt durch ihre Größe und die kulturell erworbenen Regeln, sich nicht mehr hauptsächlich auf dem Boden aufzuhalten (es gibt Länder, in denen dieses anders ist), spielt der Fußboden für uns nur eine untergeordnete Bedeutung in der Raumgestaltung.

Kinder halten sich aber häufig auf dem Boden auf. Daher sollten Bodenbeläge nicht nur nach den Kriterien der Strapazierbarkeit und Hygiene gewählt werden, sondern vor allem auch nach ökologischen Kriterien und den Erfahrungsmöglichkeiten, die sie Kindern bieten (als wie angenehm erleben Sie das Streichen über Polyester-Teppiche?). Hier haben Holz- oder Korkböden eine besondere Bedeutung.

Licht:
Die Raumatmosphäre wird stark durch das Licht mitgestaltet. Die Kinder nehmen den Tagesablauf durch die Art und Intensität des Lichtes wahr. Fenster, Glaselemente oder Wintergärten lassen Licht und Wärme in die Innenräume. Bei Neu- und Umbauten muß die Verbindung von Außen und Innen durch den Lichteinfall bedacht werden. Gardinen und Jalousien verändern die Raumhelligkeit. Die durch das große Fenster beobachtbare dunkle Wolke läßt das Prasseln des Regens an die Scheiben vorausahnen.

Spielmaterial

Das Material des Spielzeuges beeinflußt das Spiel. Holz hat eine andere Struktur als Plastik, Metall fühlt sich anders an als Stoff. Bei der Wahl der Spielmaterialien müssen ökologische Kriterien und Materialvielfalt eine Rolle spielen.

Auch Spielzeug ist Umweltmüll und muß entsorgt werden. Dieses muß schon beim Kauf von Spielmaterial mitbedacht werden.

Grundsätzlich gilt, daß es für Umweltpädagogik keine spezifischen Materialien gibt. Es können vielmehr alle Materialien der Einrichtung verwendet werden. Aufgrund der heutigen Erfahrungswelten von Kindern, in denen Plastik und bunte Farben eine wichtige Bedeutung haben, ist es schwierig, alles Künstliche aus den Einrichtungen zu verbannen. Spielsteine oder Lernmaterialien aus Plastik bzw. buntes Bastelpapier haben durchaus ihren Platz in Kindergarten oder Schule – beim Kauf muß aber auf Umweltverträglichkeit geachtet werden.

Die PädagogInnen sollten sich Gedanken darüber machen, wieviel industriell gefertigtes Spielzeug oder Lernmaterial Kindergruppen bzw. Klassen wirklich brauchen. Häufig sind andere Gegenstände viel sinnvolleres „Spielzeug“:
- richtiges Werkzeug statt des Plastikschraubenschlüssels,
- Holzstäbe und kleine Äste statt der Plastikbausteine,
- große Pappkartons, Farbe und Schere statt des fertigen Spielhauses und vieles mehr.

Es empfiehlt sich, vielerlei Naturmaterialien einzusetzen. Jahreszeitlich gesammelte Naturprodukte (Tannenzapfen, Kastanien, Eicheln, Bucheckern usw.) sind ebenso wichtige „vergängliche Spielmaterialien“ in Kindergarten und Schule wie Federn oder selbstgesägte Holzstücke. Es ist eine wichtige Erfahrung, daß Kastanien, mit denen zwei Wochen gespielt wurde, welk und schrumpelig werden. Dieses kann man mit Plastiksteinen nicht erleben.

Steine erkennen:
Jedes Kind sucht auf einem Spaziergang „seinen" Stein. Er kann abgewaschen werden, damit die Struktur besonders gut zur Geltung kommt. Nun erzählt jedes Kind: „Mein Stein gefällt mir, weil er ... (z.B. angenehm glatt und rund ist)." Dann wird er in einen Korb gelegt. Die Kinder versuchen, „ihren" Stein wiederzufinden: durch Sehen, durch Fühlen, durch die Beschreibung eines anderen Kindes.

Steinknobeln:
16 Steine werden in Reihen zu vier Stück auf den Boden gelegt. Jedes Kind nimmt mindestens einen, aber höchstens vier Steine weg. Wer den letzten Stein wegnehmen muß, hat das Spiel verloren.

Federpusten:
Wie beim Wattepusten sitzen alle Kinder eng um einen Tisch herum und versuchen, die darauf liegenden Federn auf die jeweils andere Seite zu pusten.

Basteln aus Naturmaterialien:
Vielerlei Dinge lassen sich aus den Mitbringseln von Spaziergängen herstellen – aus ungesponnener Schafwolle, Holzteilen, Kienäpfeln und kleinen Seidentüchern können Marionetten gebastelt werden:

- Holzteile, Rinden, Reisig, Heu und Stroh lassen sich zu Puppenstuben und Spielhütten verarbeiten.
- Holz kann, wenn es sich nicht um vorgefertigte Bausteine handelt, von den Kindern verarbeitet werden. Man kann es zersägen, man kann Löcher bohren, man kann es schmirgeln, man kann es benageln. Die Kinder werden selbst viele Verwendungsmöglichkeiten finden, wenn ihnen entsprechendes Werkzeug bereitgestellt und die Handhabung gezeigt wird. Bauen Sie doch mal ein Waldmonster.
- In alten Bilderrahmen lassen sich Fühlbilder herstellen. Dazu werden unterschiedliche Materialien benötigt (Muscheln, Sand, Baumrinden, getrocknete Blätter, flache Steine etc.), die in ein Kleister-Sand-Gemisch oder in Gips gedrückt werden.
- Schon ein kleines Balsaholzstück oder ein Speckstein, ein altes Küchenmesser und eine ausrangierte Feile regen die Kinder an, Schiffe, Autos und Tiere zum späteren Spielen selbst herzustellen.

Pflanzen und Tiere

Vor allem im Winter brauchen viele Kübelpflanzen Quartier. Einige vertragen dabei auch beheizte Spiel- und Schulraumluft. Andere Pflanzen leben das ganze Jahr als lebendige Elemente in den Räumen.

Pflanzen, die sich in Räumen wohlfühlen:
- Farne und Palmen, die auch unter erschwerten Bedingungen gut gedeihen;
- Azaleen, Alpenveilchen und Primeln, die es auch kühl mögen;
- Sukkulenten wie Sanseviera, Echeverie, Papageien- oder Tigeraloe und Flammendes Käthchen, die anspruchslos sind und eine farbenfrohe Blütenpracht oder Blattfärbung zeigen;
- Bonsaibäume (die allerdings einiger Pflege bedürfen);
- Zwergpalmen, Banane, Apfelsinen- oder Zitronenbäumchen, Dattelpalmen und Efeu für die Terrasse im Sommer und als Raumkübelpflanzen im Winter.

Gemeinsam mit den Kindern bieten sich folgende Aktivitäten an:
- In einer Obstkiste läßt sich ein „Wintergarten" anfertigen: Blumenerde wird in eine mit Folie ausgelegte Obstkiste gefüllt und ein Kräuter- oder Blumengarten angelegt;
- Tomaten und Erdbeeren (es gibt sie als extra Zimmerpflanzen) lassen sich im Raum ziehen;
- Hyazinthen, Winterlinge und andere Frühlingsblumen lassen sich gut vorziehen;
- Ausgediente Filmdosen eignen sich für die Anfertigung eines Mini-Verschenk-Gartens. Die Dosen werden mit Blumenerde gefüllt, Samen von Kräutern oder Blumen darauf gelegt, festgedrückt, mit etwas Erde bedeckt und gut feucht gehalten. Wenn Platz vorhanden ist, können die Pflanzen später ausgepflanzt werden.

Auch Tiere werden in Innenräumen gehalten (Aquarien, Terrarien, Meerschweinchen etc.) oder finden ihren Weg unbeabsichtigt hierher (Spinnen, Wespen, verirrte Vögel etc.). Diese zu tolerieren und in ihrer umweltpädagogischen Bedeutung aufzugreifen, ist wichtig.

- Die Spinne an der Zimmerdecke ist Anlaß für die ganze Gruppe, sich mit Spinnen zu beschäftigen. Genauestens werden die Fortschritte beim Netzbau beobachtet und kommentiert, andere Spinnen im Gebäude werden gesucht, Vergleiche und Schätzungen werden angestellt. Einige Kinder probieren, die Spinne mit Fliegen oder anderen Insekten zu füttern – reichlich Anlässe für die weitere Beschäftigung mit diesem Thema.
- Ein Vogel hat sich in das Zimmer verirrt und fliegt auf seinem Weg nach draußen verzweifelt immer wieder gegen die Fensterscheibe. Anlaß für den Lehrer, mit den Kindern gemeinsam durch Öffnen einiger Fenster und Abdunkeln der geschlossenen Fenster dem Vogel den Weg nach draußen zu geleiten. Unterrichtlich wird anschließend besprochen, warum Vögel immer ins Helle fliegen.
- Eine Ameisenstraße wird auf der Fensterbank entdeckt, zurückverfolgt und umgeleitet: Im Raum wird die Straße mit Zimt für Ameisen unattraktiv gemacht, der neue Weg mit einem Gemisch aus Wasser, Zitrone und Honig gesüßt.
- Blattläuse lassen sich an Topfpflanzen in Klassenzimmern beobachten und sind Gesprächsanlaß über Sinn und Abenteuer eines Blattlauslebens.
- Wenn gewährleistet wird, daß die Tiere wieder in einen Teich gesetzt werden, können im Klassenzimmer oder im Kindergarten auch Kaulquappen und Stichlinge in Aquarien angesiedelt und beobachtet werden.
- Der Weg von der Raupe zum Schmetterling läßt sich im Raum verfolgen. Dazu wird ein entsprechend großer Glashafen benötigt, etwas Gras, ein paar Blätter und eine mit Löchern versehene Folie, die um das Glas gebunden wird. Sobald sich der Schmetterling entfaltet, muß er ins Freie gebracht werden.

Gerade in Innenräumen ist weniger manchmal mehr. Kinder, die von der Fülle und Vielfalt des Materials in den Räumen erschlagen werden, finden nur noch schwer Kontakt zu natürlichen Gestaltungselementen in den Räumen und haben häufig Schwierigkeiten, sich auf eine Aufgabe zu konzentrieren.

3.5. Verantwortung ist nicht zerstückelbar – Umweltpädagogische Anforderungen an Rahmenbedingungen

Die Zerstückelung von Lebenswelten, die einer auf Ganzheitlichkeit ausgerichteten Umweltpädagogik entgegensteht, wird auch in der Organisation von Einrichtungen, personellen Zuständigkeiten und der Berücksichtigung ökologischer Kriterien bei Entscheidungsprozessen auf allen Ebenen deutlich.

Vor allem die Trennung von Arbeitsbereichen steht einem ganzheitlichen ökologischen Lernen entgegen: Lediglich die ErzieherInnen bzw. LehrerInnen sind für die pädagogische Arbeit zuständig, die „nicht-pädagogischen" Tätigkeiten leistet das zuständige Fach- (oder Hilfs-)Personal. Reinigung, Kochen, Hausmeistertätigkeiten, Gärtnern etc. sind Aufgaben, die „nicht-pädagogisch" sind.

Dieses führt dazu, daß Kinder von ernsthaften Tätigkeiten ausgeschlossen werden. Sie dürfen nur in den speziell für sie entwickelten didaktischen Einheiten aktiv werden. Der pädagogische Raum wird hier zum „Raumschiff". Viele Möglichkeiten, in denen Kinder in Ernstsituationen Verantwortlichkeit lernen, die Bedeutung und die Folgen ihrer Tätigkeit erleben können, werden ungenutzt gelassen. Kinder lernen vielmehr, daß sie nur an den für sie vorgesehenen Orten spielerisch tätig sein dürfen und daß ihr Handeln keine realen Folgen und keine Bedeutung für ihren Lebensalltag hat. Dieses sind unter ökologischen Gesichtspunkten unsinnige Erfahrungen.

Wenn Umweltpädagogik ein ernsthaftes Anliegen der Elementareinrichtungen bzw. Grundschulen oder Familien ist, müssen die Beteiligten Räume schaffen,
- die nicht nur *für* Kinder, sondern *durch* sie gestaltet werden können,
- in denen Kinder nicht geduldete Gäste sind, sondern aktiv Verantwortung übernehmen können,
- die nicht zerstückelt sind, sondern ganzheitliche Erfahrungen ermöglichen,
- die Kindern eigene Handlungsmöglichkeiten in allen Bereichen eröffnen.

Eine mögliche Umgestaltung von Rahmenbedingungen soll im folgenden am Beispiel einer Kindergarteneinrichtung aufgezeigt werden. Das meiste läßt sich auf den Schulbereich übertragen.

Ein Haus für Kinder? – Ein Kinder-Haus!

Schulen, Kindergärten und ähnliche Einrichtungen sind in der Regel so organisiert, daß viele Tätigkeiten, die den Betrieb am Laufen halten, für die Kinder im Unsichtbaren stattfinden. Ihnen stellt sich das Haus als Ort des Spielens, Bastelns und anderer „kindgerechter" Aktivitäten dar (vgl. Kerber-Ganse 1988, S. 19).

Damit ist die Einrichtung auch schnell lediglich ein Haus für

Kinder, ein Ort, den Kinder benutzen, der ihnen aber nicht „gehört“ und für den sie letztlich keine Verantwortung übernehmen wollen und können. Dieses widerspricht sozialen und umweltpädagogischen Lernzielen.

Prinzip eines Kinder-Hauses sollte sein, daß alle sich zuständig fühlen. Kinder sollen erfahren, daß der Kindergarten nicht nur ein Raum ist, in dem sie spielen, sondern ein Ort, den sie mitgestalten können – und dieses über die „pädagogischen Räume“ hinaus. Es muß eine inhaltliche und organisatorische Zusammenarbeit der verschiedenen MitarbeiterInnen in den Kindertagesstätten geben.

Dieses bedeutet, daß
- die Kinder den Koch, die Reinigungskräfte, den Hausmeister kennen, als zu ihrem Alltag gehörig erleben und in ihr Handeln einbeziehen;
- die Wirtschaftskräfte die Kinder in ihre Arbeit einbeziehen und ihnen ihre Tätigkeiten vermitteln.

Reinigungskräfte, KöchInnen, HausmeisterInnen müssen nicht als „Heinzelmännchen“ ihre Tätigkeit auf die Zeiten verlegen, in denen die Kinder nicht da sind. Vielmehr sollten sie immer wieder zu Zeiten arbeiten, in denen auch die Kinder anwesend sind und diese bei ihren Tätigkeiten miteinbeziehen.

Nur so können Kinder erleben, daß ihr Alltag nicht durch arbeitsteilige Bereiche bestimmt ist, sondern alle gemeinsam für die Einrichtung zuständig sind und für sie Verantwortung übernehmen.

Somit ist es sinnvoll, daß die ErzieherInnen und Wirtschaftskräfte auch bei Team- und Konzeptionsfragen zusammenarbeiten. Die Trennung zwischen pädagogischen und nichtpädagogischen Tätigkeiten wird durchlässig.

Damit ist auch eine neue Arbeitsplatzbeschreibung für die im Kindergarten Tätigen verbunden. Jede Fachkraft muß sich auf die Sichtweise und Arbeitsbedürfnisse der jeweilig anderen einlassen und sich mit ihnen auseinandersetzen, was aufgrund der verschiedenen beruflichen Erfahrungen und Hintergründe sicherlich nicht immer einfach ist.

Hauswirtschaft und Pädagogik:
Ein Beispiel hierfür ist das häufig schwierige Verhältnis zwischen hauswirtschaftlichem und pädagogischem Personal. Beide Berufsgruppen haben bestimmte feste Vorstellungen von Ablauf und Inhalt der Organisation ihrer Tätigkeit.

Für PädagogInnen stehen pädagogische Kriterien wie die Orientierung an kindlichen Bedürfnissen und Interessen im Vordergrund. Dies erfordert Sensibilität für kindliche Verhaltensweisen und Gefühle, Flexibilität in Bezug auf das eigene Verhalten, Spontaneität etc.

Aus hauswirtschaftlicher Sicht dagegen stehen hygienische, organisatorische und handwerkliche Kriterien im Vordergrund. In der Ausbildung wurde gelernt, Arbeitsabläufe detailliert zu planen, auf Sauberkeit und Hygiene zu achten, effektiv zu arbeiten etc.

In der direkten Begegnung führt dieses immer wieder zu Problemen, die sich aus der jeweiligen berufsspezifischen Sozialisation ergeben.

Gefordert ist im Idealfall:

Eine Köchin, die auf die Wünsche der Kinder eingeht, die mit Kindern zusammen die Mahlzeiten vorbereitet, die auch mal mitspielt, den Kindern zuhört und sich Zeit für Kummer und Sorgen nimmt.

Eine Pädagogin, die akzeptiert, daß Essenszubereitung ein gewisses Maß an Planung und Hygiene erfordert, sich nicht zu schade ist, auch gelegentlich „hauswirtschaftliche Handlangerdienste" zu leisten, wenn die Kinder die Köchin anderweitig brauchen und die bei der Planung von Projekten auch die Küche miteinbezieht.

Erforderlich ist also die Bereitschaft beiderseits, aufeinander zuzugehen und sich inhaltlich auseinanderzusetzen. Geschieht dies in einem offenen Prozeß, der auch die Kinder miteinbezieht, können diese auch im Bereich des sozialen Handelns zusätzlich wichtige Erfahrungen sammeln.

Die hier am Beispiel der Wirtschaftskräfte aufgezeigte notwendige Zusammenarbeit läßt sich auch auf die anderen in der Einrichtung tätigen Erwachsenen übertragen. Die in der Umweltpädagogik als notwendig erachtete Interdisziplinarität muß direkt bei der Aufgabenverteilung in den Einrichtungen ansetzen.

Instandhaltung – Reparaturen

In vielen Schulen und Kindergärten erleben die Kinder, daß kaputtes Spielzeug oder der abgebrochene Wandhaken nicht in ihre Zuständigkeit fallen, sondern wie von Zauberhand durch neue Dinge ersetzt oder repariert werden. An dem Prozeß der Reparatur selbst oder der Entscheidung, etwas in den Müll zu geben, sind die Kinder nur selten beteiligt. Diese Praxis unterstützt die von den PädagogInnen dann wiederum bemängelte Konsumhaltung der Kinder. Kinder fühlen sich für die Folgen unsachgemäßen Umgangs nicht verantwortlich, lernen, daß es scheinbar unermeßliche Rohstoffreservoirs gibt und haben nicht die Möglichkeit, andere Verhaltensmuster auf diesem Gebiet zu entwickeln.

Sinnvoller ist es, die Kinder an der Pflege und Reparatur des Spiel- und Arbeitsmaterials bzw. der Räume zu beteiligen. Bevor Dinge weggeworfen werden, muß mit den Kindern gemeinsam geprüft werden, was kaputt ist, ob es noch zu reparieren ist, ob es für andere Dinge verwertet werden könnte und ob es sinnvoll ist, das Gleiche wieder anzuschaffen.

Die Werkstatt in den Schulen und Kindergärten muß auch eine Kinderwerkstatt sein. Sie darf keinen Spiel-, sondern sollte Ernstcharakter haben und über gutes Werkzeug verfügen, mit dem Kinder selbständig bzw. unter Anleitung umgehen können. Dieses kann durchaus die Werkstatt sein, in der die Erwachsenen arbeiten. Die möglichen Gefahrenquellen können in Zusammenarbeit zwischen Hausmeister, PädagogInnen und Eltern minimiert werden.

Auch hier gilt wiederum: Entscheidend ist der Austausch zwischen HausmeisterIn, ErzieherInnen, LehrerInnen und Kindern.

Garten

Gleiches gilt für die Gartenpflege. Sowohl bei der Anlage als auch bei der ständigen Pflege des Gartens müssen die Kinder auf ihren Wunsch hin verantwortlich beteiligt werden.

Die gemeinsame Gärtnerei sollte nicht nur auf das didaktisch angelegte Hügelbeet beschränkt sein, sondern die Gartengestaltung und -pflege muß so angelegt sein, daß sich die Kinder für das gesamte Gelände verantwortlich und zuständig fühlen. Das bedeutet, daß die vielerorts geübte Praxis, die Gartenpflege z.B. durch das kommunale Gartenamt erledigen zu lassen, nicht tragbar ist.

Konsequenz dessen sollte nicht sein, daß LehrerInnen, ErzieherInnen und Kinder die gesamte Gartenarbeit machen und damit der Gärtner eingespart wird, sondern vielmehr, daß die Kinder diese Arbeiten bewußt wahrnehmen, bei Bedarf mitarbeiten und so ein Verantwortungsbewußtsein auch für etwas entwickeln, das ihnen nicht „gehört“.

Gartenarbeit mit Spaß und Phantasie:
Einige Tips zur Gartenarbeit mit kleinen und größeren Kindern:

- Das erwachsene und kindliche Interesse an Gartenarbeit unterscheidet sich oft. Während Erwachsene die Erde umgraben, um etwas zu erreichen, wird es bei den Kindern schnell zum Spiel. Die beim Graben entdeckten Regenwürmer und Käfer sind plötzlich interessanter als das ursprünglich angestrebte Ziel. Deshalb dauert Gartenarbeit mit Kindern länger und braucht viele Umwege – das ist gut so und sollte nicht als Behinderung begriffen werden. Lernen Sie von Ihren Kindern, wieviel Abenteuer damit verbunden sein können, ein einfaches Beet anzulegen!
- Jede Klasse bzw. Kindergruppe sollte ihr eigenes Gartenbeet anlegen dürfen. Pflanzen können im Innenbereich bereits im Frühjahr vorgezogen werden (zum Teil von Samen, die im letzten Jahr geerntet wurden).
- Gartenarbeit darf nicht zur Belastung für die Kinder werden. Sie sollen zwar erfahren, daß sie für die Pflanzen auch Verantwortung tragen, dieses muß aber in kindlich angemessenen Grenzen bleiben.

- Es sollten möglichst unterschiedliche Dinge angepflanzt oder gesät werden. Experimentieren macht Spaß: Vogelfutter, Gemüse, Salat, Kräuter, große und kleine Blumen, Bucheckern, Eicheln oder Kastanien.
- Die „richtigen" Gartengeräte, mit denen die Kinder arbeiten, fordern ihnen auch eine gewisse Sorgfalt in der Handhabung und Pflege ab. Kinder sind stolz, wenn sie wissen, wie richtige Werkzeuge gehandhabt werden, dazu gehört auch die Säuberung und das Aufräumen.
- Gartenarbeit kann arbeitsteilig erfolgen. Der Komposthaufen, die Steinmauer und das Beet können von verschiedenen Kindergruppen angelegt und betreut werden. Die Kinder tauschen ihre Erfahrungen anschließend aus und zeigen den jeweils anderen Gruppen, wie „ihre" Arbeit gemacht wurde.
- Eltern können in diese Aktivitäten gut miteinbezogen werden. Pflanzen, Samen und Stauden können mitgebracht, gesammelt oder getauscht werden.

Aufräumen

Aufräumen gilt in Schule und Kindergarten als leidiges Thema. Die meisten Kinder, von vergeblichen Aufräum-Erziehungsversuchen geprägt, lehnen diesen Aktivitätsbereich ab. Ein wichtiges Ziel von Umweltpädagogik ist es, Kindern die Konsequenzen des eigenen Handelns sichtbar zu machen. Hierzu gehört auch die gemeinsame Entwicklung von Ordnungskriterien.

Einer der Widerstände gegen diese Tätigkeiten resultiert wahrscheinlich aus der Art und Weise, wie wir unsere erwachsenen und generationsspezifischen Ordnungsmaßstäbe der folgenden Generation aufdrücken. Folgende Fragen können eventuell dazu beitragen, manche Selbstverständlichkeiten zu hinterfragen:

● Wie wird aufgeräumt und geputzt?
Kinder und Jugendliche an der Erhaltung der eigenen Umgebung zu beteiligen, heißt auch, ihnen Mitsprachemöglichkeiten einzuräumen. Gerade beim Aufräumen gelten vor allem die Ordnungskriterien der Erwachsenen als Maßstab. Kinder haben kaum Möglichkeiten, eigene Ordnungskriterien zu entwickeln und deren Vor- und Nachteile zu erfahren. Diese Lernprozesse müssen ihnen ermöglicht werden. Nur so können Kinder selbst Ordnungskonzepte entwerfen (eine Voraussetzung dafür, daß diese nachher auch wirklich umgesetzt werden) und Verantwortung für sie übernehmen. Die Art des Aufräumens muß Verhandlungsgegenstand zwischen Kindern und Erwachsenen sein. Gleiches gilt für die Dauer und den Zeitpunkt des Aufräumens. Dabei werden sicherlich etliche Ordnungsvorstellungen der Erwachsenen übergangen – nicht nur die Kinder, auch wir müssen Kompromisse eingehen.

- Wer räumt auf und putzt?

Die Folgen des Handelns werden im Umgang mit dem eigenen Dreck besonders deutlich. Saubermachen und Aufräumen durch andere ist für viele Kinder und Jugendliche eine selbstverständliche Dienstleistung. Um diesen Einstellungen und Verhaltensweisen entgegenzuwirken, müssen mit den Kindern bzw. Jugendlichen gemeinsam Regeln ausgehandelt werden. Kinder und Jugendliche können durchaus selbständig Aufgaben in diesem Bereich übernehmen. Diese dürfen allerdings nicht als Disziplinierungsmittel eingesetzt werden. Das kann im Einzelfall bedeuten, Unordnung und Schmutz auch mal so lange auszuhalten, bis es den Kindern bzw. Jugendlichen zu viel wird.

Natur und Ordnung im Kinderzimmer:
Kinder sind meistens begeisterte Sammler und bringen von ihren Ausflügen und Spaziergängen viel mit. Die Hosentaschen vieler Kinder legen Zeugnis von ihren täglichen Abenteuern ab. Wenn es nach den Kindern ginge, würde auch Natur in den Schulklassen, Gruppenräumen und Kinderzimmern landen: Stöcke, Zaubersteine, Muscheln, Blumen, Regenwürmer, der schwere Ast, der den ganzen Weg mitgeschleppt wurde, Schneckenhäuser, Beeren etc.

Dieses scheitert an den Ordnungs- und Sauberkeitsvorstellungen vieler Eltern, LehrerInnen und ErzieherInnen. Natur ist draußen, und Sauberkeit herrscht drinnen. Hier müssen – wie überall im Leben – Kompromisse gefunden werden. Sie sollten allerdings nicht wie selbstverständlich einseitig zugunsten der Erwachsenen ausgehen. Vielleicht findet der eine oder andere Stein, Stock oder Ast doch einen Platz im Haus. Die Muschelsammlung ist ebenso vielfältig und faszinierend wie die problemlos akzeptierte Briefmarkensammlung.

Abfall

Die Müllproduktion und -beseitigung ist ein drängendes Problem, das alle gesellschaftlichen Bereiche betrifft. Abfalltrennung ist mittlerweile auch für die öffentlichen Einrichtungen weitgehend zur Pflicht geworden. Während ihre Notwendigkeit zunehmend akzeptiert wird, nehmen die Probleme der Wiederverwertung jedoch zu. Mittlerweile weiß man, daß Abfalltrennung wenig bewirken kann. Es muß um Müllvermeidung gehen.

Hier können mit den Kindern und Jugendlichen zusammen Strategien entwickelt werden, wie Müllvermeidung in ihrer Einrichtung durchgeführt werden kann.

Anregungen zur Abfallvermeidung:

- Das Frühstücksbrot und Getränke werden in einem Behälter mitgebracht. Safttüten und Einwickelpapier sollten indiskutabel sein.
- Die gemeinsame Frühstückszeit wertet vor allem in den Schulen das Essen auf (viele Kinder frühstücken vor dem Schulgang nicht und sind deswegen in ihrer

Konzentrationsfähigkeit eingeschränkt). Die Kinder erfahren, daß Essen mehr als Nahrungsaufnahme ist: Es ist ein gemeinsames, angenehmes Erlebnis. Das Frühstück kann auch gemeinsam hergerichtet werden, wobei Abfälle vermieden bzw. sachgerecht entsorgt werden.

- Gemeinsam wird überlegt, wie sparsamer mit Verbrauchsmitteln, wie z.B. Papier umgegangen werden kann. Alternativen wie die Verwendung von „Abfallpapier" werden gesucht (Druckereien und Zeitungsverlage bieten Abhilfe, Computerpapier oder die Fehlkopien in der eigenen Schule können genutzt werden).
- Die lokale Abfallsortierung und -beseitigung wird erkundet.
- Küche, Sanitäranlagen und Wirtschaftsräume sowie die hier verwendeten Putzmittel werden auf ihre Umweltverträglichkeit hin überprüft. Gemeinsam mit dem Reinigungspersonal, dem Hausmeister und den DirektorInnen werden Alternativen entwickelt.
- Für Bastelarbeiten werden vorwiegend Naturmaterialien sowie gebrauchte Materialien verwendet.
- Oberstes Prinzip ist Müllvermeidung, Mülltrennung ist nur eine Notlösung!

Schulen und Kindergärten sollten Orte sein, die sich an den Bedürfnissen der Kinder orientieren und nicht versuchen, die Kinder in die Schul- bzw. Kindergartenstrukturen einzupassen. Dieses erfordert

- **daß Kinder und Jugendliche Verantwortung übernehmen und**
- **daß ihnen von seiten der Erwachsenen auch mehr Verantwortung zugestanden wird.**

Von den LehrerInnen und ErzieherInnen erfordert das mehr Flexibilität in der Planung und die Suche nach neuen Partizipationsmöglichkeiten für Kinder.

4. Natur erleben statt erklären – Grundlagen und praktische Anregungen für die pädagogische Arbeit in Schule und Kindergarten

Die Umgestaltung der Rahmenbedingungen hat großen Einfluß auf die alltägliche direkte pädagogische Arbeit mit Kindern bzw. Jugendlichen. Viele Ansätze umweltpädagogischen Handelns entwickeln sich unmittelbar aus dieser Umgestaltung: aus Fragen der Kinder, aus Beobachtungen, aus der Erfahrung „Ökologisches Denken und Handeln ist wichtig“, aus der Entstehung von Neugierde etc.

Dieses kann durch weitere pädagogische Aktionen unterstützt und weiterentwickelt werden. Die entsprechenden Grundlagen werden in diesem Kapitel dargestellt und deren Umsetzung wird beispielhaft verdeutlicht.

Umweltpädagogik als pädagogisches Prinzip

Umweltpädagogik darf nicht ein zusätzliches, isoliertes Feld der Elementarerziehung bzw. der Schule und Jugendarbeit sein. Es muß vielmehr darum gehen, Umweltpädagogik in die bestehende Arbeit zu integrieren. Ökologische Prinzipien und umweltpädagogische Anteile müssen als akzeptierte Selbstverständlichkeit in alle Belange der Kindergartenpraxis, der Schule und der Jugendarbeit Eingang finden.

Umweltpädagogik – verstanden als Beziehung, die zwischen Natur und Mensch besteht – ist auch und in besonderer Weise ein Teil des sozialen Lernens. Sich selbst im Zusammenwirken mit der Natur und anderen Menschen erleben, Folgen des eigenen Handelns erfahren und beachten, Verantwortungsbewußtsein entwickeln, sich selbst als Teil eines Ganzen begreifen etc. – all dies sind umweltpädagogische Lernziele, die dem Bereich des sozialen Lernens entstammen.

Umweltpädagogik kann daher nur Teil einer ganzheitlichen Form der Kinder-, Schul- und Jugendarbeit sein:

- Für den Elementarbereich bedeutet dies, daß Umweltpädagogik eng aus dem Situationsorientierten Ansatz heraus entwickelt werden muß (vgl. Arbeitsgruppe Vorschulerziehung 1975 und 1976).

- In der Schule werden in Formen des „Offenen Unterrichts" ganzheitliche Lernelemente verwirklicht.
- In der Jugendarbeit bietet sich der „Lebensweltorientierte Ansatz" an (vgl. Thiersch 1992).

Ausgangspunkte in allen Ansätzen sind die Lebensbedingungen der Kinder, Schüler und Jugendlichen. Deren Erkundung ist Teil der pädagogischen Arbeit. Umweltpädagogik muß dort ansetzen, wo Naturbegegnungen für Kinder und Jugendliche eine individuelle Bedeutung haben.

Umweltpädagogisches Handeln findet in allen Einrichtungen auf drei Handlungsebenen statt:

- Umweltpädagogik im Alltagsleben
- Umweltpädagogik in Angeboten
- Umweltpädagogik in Projekten

4.1. Umweltpädagogik muß alltäglich werden

PädagogInnen neigen dazu, das Erreichen von Lernzielen in gesondert geplanten und durchgeführten Angeboten bzw. Projekten anzustreben. Dabei wird der wichtigste Weg vergessen: das alltägliche Lernen.

Pädagogik wird immer über Menschen vermittelt. Die Basis jeglicher Pädagogik ist daher die Einstellung und das glaubhafte und vorbildhafte Verhalten der erwachsenen Bezugsperson selbst (vgl. Pausewang 1989, S. 13).

Dabei spielt das alltägliche Verhalten die wichtigste Rolle. Kinder und Jugendliche haben ein gutes Gespür für authentisches oder aufgesetztes Verhalten. Ersteres wird von ihnen viel eher für sich selbst übernommen. Damit wird die Hierarchie der oben genannten drei umweltpädagogischen Handlungsebenen deutlich:

Im Mittelpunkt umweltpädagogischen Handelns muß das Verhalten im Alltagsleben stehen. Umweltpädagogische Angebote und Projekte können nur die Ergänzung zum Alltagsleben in der Einrichtung sein. Sie sind nur dann sinnvoll, wenn sie der Einstellung der Erzieherin selbst entsprechen.

Persönliche Beziehung zur Natur

Im Kindergarten, in der Schule und in der Jugendarbeit ist die persönliche Haltung der PädagogInnen entscheidend. Von zentraler Bedeutung ist die Auseinandersetzung mit Natur und dem eigenen ökologischen Verhalten.

Nur PädagogInnen, die in ihrem Verhalten zum Ausdruck bringen,
- daß umweltgerechtes Verhalten eine Selbstverständlichkeit ist,
- daß sie neugierig auf und interessiert an Naturerfahrungen sind,
- daß sie die Kinder und Jugendlichen aus Überzeugung ernst nehmen,

können umweltpädagogische Inhalte glaubhaft vermitteln. Auch hier zeigt sich, wie überall in der Pädagogik, daß Authentizität eines der wichtigsten pädagogischen Elemente ist.

Begleitung kindlicher Naturerfahrungen

Darüber hinaus ist die Begleitung kindlicher Naturbegegnungen ein wichtiger Bestandteil der täglichen „Alltags-Umweltpädagogik". Kinder und Jugendliche erleben Natur jeden Tag in vielfältiger Art und Weise. Häufig werden diese Erfahrungen nicht bewußt wahrgenommen, erhalten sie für die Kinder und Jugendlichen keine Bedeutung (vgl. S. 36 ff. dieses Buches). Eine wichtige pädagogische Aufgabe ist es, Kinder und Jugendliche immer wieder auf Kleinigkeiten aufmerksam zu machen. Dieses kann verbal geschehen, indem auf gerade gemachte Naturerfahrungen hingewiesen wird oder indem Gegenstände und Zusammenhänge mit Begriffen versehen werden, es kann aber auch non-verbal geschehen, indem die Pädagogin zeigt, daß sie die Gefühle des Kindes wahrgenommen hat. Eine Begleitung kann auch durch das Aufgreifen von Anregungen der Kinder und Jugendlichen erfolgen, indem begonnene Handlungen fortgesetzt und neue Aspekte eingeführt werden.

Das Marini-Abenteuer – immer wieder neu:
Es ist Frühling, Zeit der „Marinis" (Marienkäfer). Jakob (3 Jahre) hat einen Marienkäfer gefunden. Fasziniert läßt er ihn an seinem Arm hochkrabbeln. Wenn er an der Schulter angekommen ist, hält Jakob den Arm in die Luft – der Käfer dreht um und macht sich wieder auf den Weg nach oben. Auf der Fingerspitze angekommen breitet er die Flügel aus und fliegt weg. Jakob läuft hinterher und versucht ihn zu fangen.

Er sucht auf den Blättern der Hyazinthen nach neuen Marienkäfern. Dieses Spiel kann er – wie viele Kinder bis ins Grundschulalter hinein – lange und ausdauernd spielen.

Jakob nimmt dabei Natur auf vielfältige Weise wahr:

- er verspürt Spannung bei der Suche nach einem Marienkäfer,
- er kennt die besten Stellen für einen Marienkäfer-Fund,
- dabei hebt er die Blätter hoch, sucht auf den Unterseiten und auf dem feuchten Boden unter den Pflanzen,
- er nimmt bei seiner Suche den Geruch und die Feuchtigkeit der Pflanzen wahr,
- ist ein Marienkäfer gefunden, wird er vorsichtig auf die Hand genommen,
- manchmal sondert der Käfer dabei aus Abwehr eine gelbe Flüssigkeit ab. Jakob meint, er kackt,
- der Käfer krabbelt auf Jakob's nackter Haut – das kitzelt,
- Jakob stellt fest, daß der Käfer immer nach oben krabbelt,
- konzentriert beobachtet er das Spannen der Flügel, er sieht, daß der Käfer außer den roten Flügeln feine, zereißbar aussehende Flughäute hat,
- fliegt der Käfer tatsächlich, läuft Jakob hinterher – aus der Konzentration wird Bewegung,
- die Suche beginnt von neuem.

Eltern oder ErzieherInnen können in dieser Situation verschieden reagieren. Begleitung bedeutet, die verschiedenen vielschichtigen Erfahrungen und Gefühle von Jakob wahrzunehmen, ihn in seinem selbständigen Erkunden nicht zu stören, aber ihm auch zu signalisieren: Es ist toll und wichtig, was du da machst. Dieses kann geschehen:

- durch mitmachen. Auch die Erzieherin sucht sich einen Marienkäfer und macht ähnliche Erfahrungen wie Jakob (dadurch signalisiert sie ihm: Was du machst ist wichtig, ich ahme dich nach);
- durch ein Gespräch im Anschluß an Jakobs Erkundungen (unsensibel geführte didaktische Gespräche unterbrechen Kinder in ihrem Tun statt sie zu fördern);
- durch die Suche nach weiteren Gartentieren (vielleicht findet sich ein Regenwurm, wenn das Interesse am Käfer nachläßt);
- lediglich durch Beobachten und vielleicht einer Anknüpfung in einer späteren Aktivität.

Auch in der Schule unterstützen LehrerInnen Neugierde auf Natur:

- durch den Mut, mit den Kindern gemeinsam das Klassenzimmer zu verlassen, wenn ein Gesprächsanlaß es notwendig macht, einem Käfer oder einer Pflanze auf die Spur zu kommen;
- durch Ermutigung, Lob und Anerkennung, wenn Kinder tote Hornissen und Heuschrecken, verlassene Vogelnester, unbekannte Pflanzen, getrocknete Blumen, Vogeleier und andere Dinge aus der Natur mit in die Schule bringen;
- durch die Einrichtung von Schau-, Fund- oder Sammelkästen für die schönsten und aufregendsten Fundstücke;
- durch die Gewißheit, daß es immer lerneffektiver ist, kindliche Gesprächsbedürfnisse wahrzunehmen und die Neugier zu stillen anstatt den Unterrichtsstoff durchzuziehen.

Kinder und Jugendliche, deren Naturbegegnungen so begleitet werden, erfahren, daß ihre Wahrnehmungen wichtig sind. Dieses fördert Neugierde an und Lust zu weiteren Erkundungen. Die Unmengen von Einzelinformationen, die Kinder und Jugendliche heute erfahren, werden so in ihren Prozessen, Zusammenhängen und Abhängigkeiten erfahrbar gemacht (vgl. Müller/Oberhuemer 1982, S. 29). Vorhandener Forschungsdrang wird dadurch aufgegriffen und unterstützt (vgl. Feiner et al. 1980, S. 87).

Umweltpädagogik im Alltag Bedeutung zu verleihen, erfordert die Beachtung von Nebensätzen und die Reflektion der eigenen Einstellung, des eigenen Handelns. Umweltfreundliches Handeln als Selbstverständlichkeit, Neugierde auf Natur und Menschen als Charaktereigenschaft, Freude an Naturbegegnungen als Lebensgefühl – dieses sind die nachdrücklichsten umweltpädagogischen Methoden.

4.2. Umweltpädagogische Spiele und Aktionen

Eingebettet in ökologische Rahmenbedingungen und ein umweltpädagogisch ausgerichtetes Alltagsleben in der Einrichtung haben speziell auf Ökologie ausgerichtete Spiele und Aktionen den größten Nutzen. Aber auch in anderen Einrichtungen bieten sie erste Ansätze, um mit den Kindern bzw. Jugendlichen Annäherungen an das Thema Umwelt zu erproben.

Zwischenzeitlich existiert eine Vielzahl von Broschüren und Büchern, die Anregungen geben, mit Kindern und Jugendlichen die Natur spielend zu entdecken. Sie reichen von Wahrnehmungsübungen über Gruppenspiele, Bastelanregungen bis hin zu Plan-, Tisch- und Computerspielen zu ökologischen und umweltpolitischen Themen (vgl. u.a. Brandt/Thiessen 1991; Cornell 1979; Kreuzer 1984).

Diese Spiele lassen sich je nach Zielgruppe verschieden einsetzen. Zu beachten ist dabei der jeweilige Bezug zu den augenblicklichen Interessen der Kinder und Jugendlichen. Diese Spiele sollten flexibel eingesetzt werden. Spiele und Aktionen sollten nicht um ihrer selbst willen durchgeführt werden, vielmehr müssen sie den Spiel- und Beschäftigungsinteressen der Kinder und Jugendlichen entsprechen.

Dabei müssen Spiele und Aktionen, die eine sinnliche Wahrnehmung von Natur ermöglichen und unterstützen (auch in der Schule!) am Anfang stehen. Nur Kinder, die eine emotionale Beziehung zur Natur aufgebaut haben, sind offen für kognitives Lernen (vgl. S. 13 ff. dieses Buches).

Angebote zur Sensibilisierung sinnlicher Wahrnehmung:

Stein-Nuß-Kastanie:
In gleich aussehenden Dosen werden unterschiedliche Materialien versteckt: Steine, Nüsse, Kastanien, Bucheckern, Korken etc. Die Kinder erraten durch Schütteln, welche Materialien sich in welcher Dose befinden.

Hör-Memory:
Alte undurchsichtige Film-Dosen werden mit verschieden-klingenden Gegenständen gefüllt (Reis, Wasser, Streichholz, Sand, Luft etc.). Dabei werden jeweils zwei Dosen mit den gleichen Materialien gefüllt (auch die Menge muß ungefähr gleich sein). Durch Schütteln werden nach den Memory-Regeln die gleich gefüllten Dosen „erhört". Da das Erkennen von Geräuschen sehr schwierig und ungewohnt ist, sollten nicht zu viele Dosen verwendet werden.

Fühl-Memory:
Je zwei Blanko-Memory-Karten werden mit dem gleichen Werkstoff beklebt (Sandpapier, grober und feiner Stoff, Stramin, Furnierholz, Reis etc.). Mit verbundenen Augen finden die Kinder die zusammengehörenden Karten.

Buchstabenraten:
Ein altes Spiel mit vielen Variationen ist das Erraten von Buchstaben, Zahlen oder anderen Gegenständen durch Hautberührung. Während eine andere Person auf meinem Rücken mit dem Zeigefinger einen Buchstaben schreibt, versuche ich diesen zu erfühlen.

Schnurfigur:
Auf große Pappkartondeckel werden mit Krepp-Klebeband Figuren geklebt. Die Kinder erfühlen mit geschlossenen Augen die Figuren und legen sie mit Krepp-Klebeband auf einem anderen Untergrund nach.

Apfel-Schmecken:
Da auch Kinder sich selten Zeit für bewußtes Essen und Schmecken nehmen, sensibilisieren Übungen wie diese:

Im Raum werden großzügig Äpfel verteilt. Nach einer kurzen Entspannungsübung werden die Kinder aufgefordert, sich einen Apfel zu nehmen. Dabei sollen sie darauf achten, warum sie gerade diesen Apfel nehmen, nach welchen Kriterien sie den Apfel auswählen, wie ihr Körper auf den Apfel reagiert (läuft das Wasser im Mund zusammen, bekommen sie Appetit, was machen die Arme, welche Hand greift zum Apfel? etc.), wie der Apfel riecht und wie er sich anfühlt.

Alle Kinder setzen sich bequem an einen Platz ihrer Wahl und schließen die Augen. Dazu erklingt leise Musik.

Der Apfel wird mit beiden Händen gehalten. Die Kinder werden gebeten, sich innerlich noch einmal vorzustellen, wie sie den Apfel geholt haben. Dann stellen sie sich vor, wie der Apfel riecht, wie er aussieht, wie er sich anfühlt und wie er wohl schmecken mag: Ist er fest oder weich, saftig, sauer, süß?

Nun werden die Kinder aufgefordert, langsam in den Apfel zu beißen, langsam und bewußt zu kauen und zu schlucken.

Nach einer Pause werden die Kinder gebeten, die Augen zu öffnen. Wer mag, darf sein mentales Erlebnis mit dem Apfel schildern.

Dieses Spiel dient dazu, das bewußte Genießen mit allen Sinnen wieder in Erinnerung zu rufen. Es unterbricht damit alltägliche Eß-Verhaltensweisen.

Kleister-Matsche:
Für das großflächige Malen mit Kleisterfarben (Erdfarben aus der Drogerie gemischt mit Tapetenkleister) kann der Raum mit Tapetenbahnen ausgelegt werden, die Kinder sind mit Badezeug ausstaffiert.

Mit den Kleisterfarben können sich die Kinder gegenseitig bemalen: Sie erleben die angenehme Konsistenz der Kleisterfarbe, sie fühlen ihren Körper. Sie erleben, daß es angenehm ist, sich selbst anzufassen und von Menschen, die man mag, angefaßt zu werden. Das Spiel erlaubt und erfordert die gegenseitige Berührung. Statt Kleisterfarbe kann auch Rasierschaum verwendet werden.

Thema-Erfühlen:
Viele Unterrichts- und Spieleinheiten können durch ein „Fühlspiel" eingeleitet werden: Die Pädagogin gibt einen verschlossenen Stoffbeutel herum, der von den Kindern betastet wird (je nach Schwierigkeitsgrad von außen oder durch Hineingreifen in den Beutel). Die Kinder finden heraus, welcher Gegenstand heute Thema des Tages sein, welches Utensil den Tag der Kinder begleiten wird.

Angebote, die Experimentierfreude wecken und fördern:

Wir bauen eine Sanduhr:
Anlaß: Kinder spielen im Sand. Sie lassen den Sand langsam durch ihre Hand rinnen. Dies ist Anlaß für die Pädagogin, mit Sand, Glas, Tüte und Uhr zu experimentieren.

Aus Cellophanpapier wird ein Trichter hergestellt. Der Trichter wird mit feinem Sand gefüllt. Ein Glas und eine Uhr werden bereitgestellt, die Spitze des Trichters wird abgeschnitten (um die richtige Lochgröße herzustellen, müssen die Kinder eine Weile experimentieren). Der Sand rinnt durch das Loch in das Glas – die Zeit wird gestoppt. Nun bekommen die Kinder richtige Sanduhren, um Vergleiche herstellen zu können.

Dieses Experiment kann Anlaß dafür sein, weitere Arten der Zeitmessung zu suchen: Bau einer Sonnenuhr, einer Reisuhr etc.

Regen-Messen:
Der anhaltende Regen kann dazu anregen, ein Regenmeßgerät herzustellen. Dazu benötigen wir eine ausgediente weiche Plastikflasche, eine Schere, Klebeband, einen Stift, einen Blumentopf und einen Zettel für Notizen.

Zunächst wird der Flaschenhals abgeschnitten und umgekehrt mit Klebeband in die untere Flaschenhälfte geklebt. Im Abstand von einem Zentimeter werden am unteren Teil der Flasche Markierungen angebracht. 1 cm Regenwasser entspricht einem Niederschlag von 10 l pro m^2, wenn die Flasche einen Durchmesser von 8 cm hat. Das fertige Meßgerät wird in einen Blumentopf gestellt (damit es nicht umkippt) und an einen Standort gebracht, an dem Regen gemessen werden kann.

Die Meßergebnisse können graphisch festgehalten und verglichen werden.

Wettervorhersage:
Es gibt viele Hinweise der Natur, die zur Wettervorhersage genutzt wurden, als es noch keine Wettersatelliten gab. Ob diese Hinweise stimmen, läßt sich durch entsprechende Experimente untersuchen:

- Die Schuppen des Tannenzapfens öffnen sich bei trockenem und schließen sich bei feuchtem Wetter. Wenn wir also Tannenzapfen nach draußen legen, können wir das Wetter voraussagen.

- Achtet darauf, ob das Wetter bei Morgenrot schlecht und bei Abendrot schön wird (Volksweisheit).
- Säe Mittagsblumen und beobachte, ob ihre Blütenblätter bei schönem Wetter weit geöffnet sind und sich bei Bewölkung schließen.
- Entdecke weitere Regeln und Bauernweisheiten, und überprüfe sie.

Licht und Schatten:
- Die Kinder werden aufgefordert, an sonnigen Tagen mit ihrem eigenen Schatten zu experimentieren und in kleinen Gruppen Schattenspiele zu erfinden. Schattenfangen ist ein beliebtes Laufspiel.
- An Regentagen kann der Schatten im Raum künstlich hergestellt werden. Dazu werden ein Projektor, ein weißes Tuch, eine Leine, Wäscheklammern und Sicherheitsnadeln benötigt.
  Der Projektor wird etwa 4 m vor der Leinwand, die auf einer durch den Raum gespannten Wäscheleine aufgehängt wurde, aufgebaut. Der Raum wird verdunkelt. Die Kinder können nun mit sich und ihrem Schatten experimentieren: Schattenfiguren entwerfen, Faxen machen, sich allein oder zu zweit hinter dem Tuch bewegen, sich durch Requisiten verändern (Streichholzschachtel auf die Nase setzen, sich in Tücher hüllen, Masken tragen etc.). Vielleicht kommt so ein Schattenspiel zustande.

Wasser:
Wasser ist ein wichtiges Lebenselement. Es wird allerdings nur selten als etwas Wertvolles wahrgenommen. Die Sensibilisierung für dieses Element muß gefördert werden.
- Wasser läßt sich transportieren: mit den Händen, mit dem Eimer, mit einer Kelle. Wer beobachtet andere Transportmöglichkeiten und wählt die sinnvollste aus?
- Wasser schmeckt unterschiedlich. Es gibt verschiedene Wassersorten: Mineralwasser, Leitungswasser, abgekochtes Wasser, Wasser mit Zusätzen (Zitrone, Apfelsaft etc.). Wer trinkt welches Wasser, und wie schmeckt es?
- Wasser macht Geräusche: Probiere unterschiedliche Geräusche aus, die mit Wasser erzeugt werden können. Daraus läßt sich auch ein Ratespiel entwickeln: Nehmt die Geräusche auf Tonband auf, und laßt sie von anderen Kindern erraten (Schwamm ausdrücken, Toilettenspülung betätigen, Wasserhahn laufen lassen, mit einer Kelle Wasser schöpfen, Wasserhahn tropfen lassen, Wasser quirlen). Vielleicht fällt Euch so ein ganzes Hörspiel ein.
- Was machen andere Menschen mit Wasser? Wozu benutzen sie es (zum Kochen, zum Trinken, zum Duschen, zum Löschen etc.)? Was macht das Wasser (tröpfeln, fließen, rinnen, plätschern, sprühen etc.)?

Umweltpädagogik im laufenden Unterricht

Für die Schule bedeutet die Forderung nach Alltagsbezug u.a., daß umweltpädagogische Themen Bestandteil aller Fächer werden müssen. Deutsch, Heimat- und Sachkunde, Gemeinschaftskunde, Biologie, Geographie, aber auch Physik und Chemie verfügen über ökologisch relevante Inhalte. Die bildungspolitisch immer wieder diskutierte Aufhebung der Orientierung an einzelnen Fächern kommt dem ganzheitlichen umweltpädagogischen Denken entgegen.

Thema Wasser:

Fächerübergreifender Unterricht bedeutet u.a., daß einzelne Themen nicht isoliert, sondern miteinander verbunden in verschiedenen Fächern behandelt werden. Ein Beispiel für das Thema Wasser im Schulunterricht wird im folgenden angeregt:

Deutsch:
Im Deutschunterricht erzählen, lesen und schreiben die Kinder Geschichten zum Thema Wasser. Sie machen ein Wasserquiz (auf Tonband, siehe oben) oder beenden eine Geschichte wie etwa die folgende:

Moritz und die anderen Kinder der Klasse 4a haben Zeichenunterricht. Sie haben Regenbilder mit Tuschfarben gemalt und sind nun dabei, ihre Plätze aufzuräumen, die Tuschbecher zu säubern und die Hände zu waschen. Als Moritz gerade mit dem Waschen seiner Hände fertig ist, fällt noch ein Tropfen auf seine schon trockene Hand. Er spürt, wie es auf seiner Haut anfängt zu kribbeln. Er setzt sich ganz still auf seinen Platz und hört plötzlich ein leises Kichern und Wispern. Als er seine Hand genauer betrachtet, sieht er ein klitzekleines Männchen auf seiner Hand sitzen. Das erzählt ihm ganz leise, damit die anderen nichts merken: „Ich bin Plitsch, das Wassertropfenmännchen und möchte mich bei dir etwas ausruhen. Es war schrecklich dunkel und unangenehm in der Wasserleitung und ich mußte so schnell rennen, daß ich jetzt völlig außer Atem bin.

Meine Reise war unendlich lang und aufregend. Zuerst habe ich in einer Pfütze gelebt. Aber als es dann sehr warm wurde, bin ich mit dem Wasserdampf zu einer Wolke hinaufgeschwebt. Dort bin ich aber nicht lange geblieben. Die Wolken sind nämlich noch ein wenig mit mir durch die Gegend gereist und haben mich dann mit einem gewaltigen Regenguß wieder zu Boden geschickt. Und von da an weiß ich überhaupt nichts mehr. Ich muß durch den Aufprall ohnmächtig geworden sein. Kannst du mir erzählen, wie ich in den Wasserhahn gekommen bin?"

Sachkundeunterricht:
Hier besprechen die Kinder den Wasserkreislauf: Die Sonne erwärmt die Erde und das Wasser in den Pfützen, Seen und im Meer. Das Wasser verdunstet, es wird zu Wasserdampf und steigt nach oben (den Verdunstungsvorgang können die Kinder experimentell nacherleben, indem sie ein Schälchen Wasser mit einer Scheibe als Deckel in die Sonne stellen, so daß der Wasserdampf kondensiert). So bilden sich die Wolken. Sind die Wassertropfen groß und schwer, fallen sie als Regen zu Boden. Dort versickern die Tropfen ins Grundwasser, gelangen in die Meere, Flüsse oder Seen, und der Kreislauf beginnt von neuem.

Kunst:
Die Geschichten des Wasserkreislaufs animieren zu Bildergeschichten. Wolkenbilder eröffnen viele Rätsel, und mit den Farben des Regenbogens lassen sich faszinierende Farbspiele gestalten.

Musik:
Regenlieder, Fingerspiele und Klanggeschichten erzählen vom Regen. Die Kinder entlocken verschiedenen Klanginstrumenten Regengeräusche. Unterdessen erzählt die Pädagogin eine Wettergeschichte: „Während des Spazierganges im Sonnenschein kommt ein leichter Wind auf. Es beginnt zu tröpfeln, dann zu regnen. Der Regen wird stärker, es folgt ein Gewitter. Zunächst ist nur dumpfes Donnergrollen aus der Ferne zu hören. Es blitzt, und der Donner wird lauter. Alle rennen schnell nach Hause. Der Sturm läßt langsam nach. Es fallen nur noch einzelne Tropen ..."

Biologie:
Hier untersuchen die Kinder verschiedenartiges Wasser. Sie entnehmen Leitungswasser, Wasser aus dem Teich, dem Meer, einer Pfütze. Die Wasserproben laufen durch eine Filtertüte und werden auf Rückstände untersucht. Teststreifen aus der Apotheke ermöglichen weitere Wasserbestimmungen.

Je nach Alters- und Zielgruppe unterstützen spezielle umweltpädagogische Angebote und Spiele die Sensibilisierung für Natur. Im Vordergrund sollten dabei zunächst Angebote stehen, die sinnliche Naturwahrnehmungen unterstützen. Spiele und Aktionen sind kein Allheilmittel für umweltmüde Kinder oder Jugendliche. Sie entfalten langfristige Wirkungen erst im Zusammenhang mit einer analogen Alltagspädagogik.

4.3. Umweltpädagogische Projekte

Projekte bieten Kindern und Jugendlichen die Möglichkeit, sich Themen selbstbestimmt und selbständig zu nähern. Ein Projekt ist mehr als die thematisch aufeinander abgestimmte Aneinanderreihung von Angeboten. Es bietet vielmehr eine Arbeitsform, die eine größtmögliche Eigenständigkeit der arbeitenden Gruppe fordert und erlaubt.

Charakteristisch für ein Projekt ist, daß
- die Kinder und Jugendlichen selbst aktiv an allen Entscheidungen über Inhalte und Verlauf des Projektes teilnehmen;
- sie Form und Durchführung der eigenen Arbeit kritisch hinterfragen (Meta-Kommunikation);
- zwischen den Lerninteressen der einzelnen und denen der Gruppe abgestimmt wird.

Je nach Alter und Entwicklungsstand der Kinder bzw. Jugendlichen lassen sich verschieden komplexe Themen im Projekt erarbeiten. Gerade in der Umweltpädagogik bieten Projekte in besonderem Maße die Möglichkeit, gemeinsam mit den Zielgruppen ein Thema in seiner Vielschichtigkeit möglichst ganzheitlich zu bearbeiten.

Das Thema der Projekte muß für die Kinder und Jugendlichen von Bedeutung sein. Je stärker ein Projektthema mit der Lebenswirklichkeit der Kinder verknüpft ist, desto größer ist die Identifikation mit der Projektarbeit. Die Fragestellung muß das Lebensumfeld des Kindes bzw. des Jugendlichen betreffen und mit seinen tatsächlichen Bedürfnissen zu tun haben. Das Lernen geschieht im Rahmen des wirklichen Lebens vor Ort (vgl. u.a. Frey 1982; Martin 1989, S. 125 ff.).

Projektverlauf

I. Initiative

Die Initiative zu einem Projekt kann von den Kindern bzw. Jugendlichen, von den PädagogInnen oder sonstigen Personen, die für die Zielgruppe wichtig sind, ausgehen.

Kinder beobachten einen Wasserläufer auf der Pfütze. Ein paar Tage später ist die Pfütze weg und der Wasserläufer natürlich auch. Die Kinder wünschen sich eine neue Pfütze mit Wasserläufer. Da es nicht regnet, muß eine Lösung des Problems gefunden werden. Die Kinder beschließen: Wir legen einen Teich an!

II. Gemeinsame Projektplanung

Gemeinsam wird das Thema eingegrenzt. Individuelle Interessen und Möglichkeiten der Gruppe fließen in diese konkretere Planung mit ein. Nach und nach entsteht ein Projektentwurf, der allerdings zu diesem Zeitpunkt immer noch einen vorläufigen Charakter hat. Erste Arbeitsschwerpunkte bilden sich.

Die Klasse/Kindergruppe überlegt, ob die Anlage eines Teiches auf dem Schulhof oder dem Kindergartengelände möglich ist, auch Alternativen wie ein Kübelteich werden bedacht. Gemeinsam wird ein Platz gesucht, der für einen Teich geeignet ist. Die Kinder überlegen, wer bei diesem Projekt mithelfen könnte (LehrerInnen, ErzieherInnen, Eltern, Nachbarn, Freunde etc.). In der Bücherei wird weiteres Material über die Entstehung des Teiches gesammelt. Kompetente Personen werden befragt und langsam entstehen erste Umrisse des geplanten Vorhabens.

III. Gemeinsame Entwicklung des Betätigungsfeldes

Einzelne Gruppen übernehmen Teile der Projektaufgaben, die sie selbständig lösen (mit altersspezifischen Hilfeleistungen; diese beschränken sich auf technische Hilfeleistungen bzw. Unterstützung bei der Umsetzung, denn es geht um die Ideen der Kinder und Jugendlichen, nicht um die der Erwachsenen).

Die Klasse bzw. Kindergruppe teilt sich in Kleingruppen mit verschiedenen Aufgabenschwerpunkten. Eine Gruppe gestaltet die Zeichnung eines Miniaturteiches, die andere plant den Kübelteich, eine weitere Gruppe beschäftigt sich mit den möglichen Gefahren, die vom offenen Wasser in der Einrichtung ausgehen. In gemeinsamen Gesprächen werden die Pläne diskutiert, Vor- und Nachteile besprochen, und die Gruppen entscheiden sich gemeinsam für ein Vorgehen.

In diesem Fall fällt die Entscheidung für einen Teich. Zwei Arbeitsgruppen beschäftigen sich mit der Gestaltung der Außenanlage des Teiches und zwei Gruppen mit der Konzeption des Teiches selbst. Die Pädagogin weist darauf hin, daß der Teich aus Sicherheitsgründen ein Flachzonenteich sein muß. Sie hilft dabei auszurechnen, wieviel Teichfolie benötigt wird; sie achtet darauf, daß eine Wassertiefe von max. 40 cm in der Teichmitte eingehalten und am Rand eine große, flach auslaufende Sumpf- und Flachwasserzone geplant wird. Schließlich weist sie darauf hin, daß ein Teich nicht größer als 1 qm sein muß, um die Ansiedlung von Wassertieren zu ermöglichen.

Die Arbeitsgruppen überlegen, wer welche Tätigkeiten ausführt, welche Erwachsenen dabei helfen etc.

IV. Abstimmung der einzelnen Arbeitsgruppen
Auch wenn in einzelnen Gruppen selbständig gearbeitet wird, ist zwischenzeitlich immer wieder eine Kooperation zwischen diesen Gruppen nötig. Hier erleben die Kinder und Jugendlichen, wie Zusammenarbeit gestaltet werden kann und welche Vorteile sie in sich birgt: Diese Abstimmungen können nämlich zu Veränderungen der eigenen Arbeit führen, bzw. neue Ideen in die Kleingruppen einbringen.

Mittlerweile arbeiten vier Gruppen am Bau des neuen Teiches. Zwei Gruppen erledigen den Aushub, und zwei Gruppen kaufen die Materialien ein, besorgen Pflanzen über Freunde, Bekannte bzw. in entsprechenden Geschäften. Einige Kinder dokumentieren das Projekt mit Videokamera, Fotoapparat, Zeichenstift oder Tonbandgerät. Andere sammeln Steine für die Befestigung der Folie. Die Kinder wechseln die Arbeitsgruppen nach Bedarf, weil der Aushub und das Abfahren der Erde eine körperlich schwere Arbeit ist. In den Pausen werden immer wieder Arbeitsgespräche geführt und neue Lösungen gesucht.

V. Reflexion des eigenen Handelns
Gerade für Projekte im Bereich der Umweltpädagogik ist dieser Punkt von besonderer Bedeutung. Ökologische Veränderungen bedürfen der Zusammenarbeit. Und diese muß gelernt werden. Projekte bieten solche Lernfelder, indem sie auch metakommunikative Momente beinhalten, wie:

- Wodurch bekomme ich meine Ideen (gemeinsame Pläne helfen bei der Ideenfindung, der Spaß und die Phantasie anderer beflügelt auch meine eigene Phantasie etc.)?
- Welche Arbeitsteilungen haben sich als sinnvoll und befriedigend erwiesen?
- Was hätte man auch anders machen können?

und viele Fragen mehr.

Die Kinder besprechen ihr Vorgehen:

- War unsere Arbeitsaufteilung sinnvoll?
- Wer hat welche Arbeiten verrichtet, wie ist es zu dieser Arbeitsaufteilung gekommen?
- Wer hat viele Ideen geliefert, wer hat mehr körperlichen Einsatz gezeigt?

- Wurden ausreichend Hilfen in Anspruch genommen und welche?
- Waren die Literaturhinweise oder die praktischen Tips z.B. von Eltern und GartengestalterIn bzw. LandschaftspflegerIn nützlich?
- Entsprach das Vorhaben der Leistungsfähigkeit der Klasse bzw. Gruppe, und wurde das Ziel in befriedigender Form erreicht?
- Welche Änderungen können wir jetzt noch vornehmen?
- Was beachten wir bei künftigen Projektarbeiten?
- Welche neuen Ideen sind uns während dieses Projektes gekommen?

VI. Abschluß
Das Projekt-„Ergebnis“ ist abhängig von den Projektinhalten. Am Ende kann sowohl ein gemeinsames Produkt (ein Bilderbuch, eine Kinderzeitung, ein Videofilm, ein Gartenteil etc.) als auch gemeinsames Handeln (ein Theaterstück, eine Demonstration, ein Erntedankfest etc.) stehen. Bei älteren Kindern kann auch eine ausführliche Reflexion den Schlußpunkt stellen. Dieser gemeinsame Abschluß ist bedeutsam, um das Projekt von den Alltagsaktivitäten abzugrenzen.

Das Teichbau-Projekt wird durch eine Fotoserie begleitet und dokumentiert. Zum Abschluß wird ein großes Teichfest gestaltet, zu dem alle Mitwirkenden, Eltern und Nachbarn eingeladen werden. Als Gastgeschenk wird von allen eine Pflanze erbeten. Anläßlich des Festes wird die Ausstellung „Wie dieser Teich entstand“ gezeigt. Ein Theaterstück verdeutlicht Spaß und Frust beim Teichbau.

Projekte bieten für alle Altersgruppen ein ideales Übungsfeld für ökologisches Handeln. Vor allem die geforderte und geförderte Selbständigkeit erlaubt den Kindern und Jugendlichen, eigene Entscheidungen zu fällen und in ihren Konsequenzen zu erleben, neue Arbeitsformen zu entwickeln und eigene Wege der Naturerkundung zu gehen.

4.4. Wieviel Wissen braucht die Umweltpädagogin?

Umweltpädagogik kann nur dann ein selbstverständlicher Teil jeder Pädagogik werden, wenn möglichst viele PädagogInnen eine gewisse Schwellenangst überwinden und sie in ihre Arbeit aufnehmen.

Aber nur wenige PädagogInnen fühlen sich aufgrund privaten Interesses so vertraut mit ökologischen und umweltpädagogischen

Fragen, daß sie ohne weiteres bereit und in der Lage sind, ihre Arbeitsweise umweltpädagogisch zu verändern.

- Für viele PädagogInnen ist Umweltpädagogik (noch) nicht wichtig. Naturbegegnung spielt in ihrem eigenen Leben vermeintlich keine Rolle.
- Andere erkennen die Bedeutung von Umweltpädagogik, trauen sich aber an eine Umsetzung nicht heran, weil
  - sie selbst nur über wenig ökologisches Wissen verfügen und dieses für eine unerläßliche Voraussetzung für umweltpädagogische Arbeit halten,
  - sie sich unsicher im Einsatz ganzheitlicher Methoden fühlen,
  - sie umweltpädagogische Ziele so hoch ansetzen, daß sie sich selbst nicht an die Arbeit herantrauen.

Deshalb soll an dieser Stelle nochmals darauf hingewiesen werden,

- daß nicht naturwissenschaftlich ökologisches Wissen die Voraussetzung für Umweltpädagogik ist.

  Wichtig ist der Wunsch und das Interesse, sich mit Kindern und Jugendlichen gemeinsam auf Entdeckungstour zu begeben. Die gemeinsame Suche nach Antworten ist viel lehrreicher als immer parat liegende, fertige Lösungen.

- daß nicht das perfekte Beherrschen verschiedener Methoden gefragt ist.

  Wichtig ist der kritische Blick auf den eigenen „heimlichen Lehrplan". Ausprobieren ist das Geheimnis – dann werden Sie nach und nach zu ExpertInnen Ihrer eigenen umweltpädagogischen Methode werden. Es gibt keine einheitlichen Wege – vielmehr muß sich jeder und jede eigene methodische Wege suchen.

- daß nicht alle PädagogInnen an allem Interesse haben.

Wichtig ist vielmehr, die eigenen Zugänge zur Natur und Ökologie zu erkunden und eigene Interessen und Neigungen miteinzubeziehen. Diese können Ausgangspunkt für die pädagogische Arbeit sein.

Die Vielfalt der Pädagogik beruht vor allem auch auf der Verschiedenheit der PädagogInnen. Mut zum Ausprobieren ist wichtiger als ökologisches Wissen.

4.5. Marienkäfer sammeln, Spinne zertreten – Grausamkeit oder notwendige Erfahrung?

Das ist doch Tierquälerei! Dieser Vorwurf spricht sofort die Emotionen der Erwachsenen an. Er löst Schutz-Instinkte aus und gilt als nicht diskutierbar.

Und doch möchten wir dieses Tabu hier im Zusammenhang mit der Natur-Begegnung von jüngeren Kindern ansprechen, da es in manchen Fällen durchaus sinnvolle Naturerfahrungen verhindert.

„Man schaut mit den Augen – nicht mit den Händen!" Dieser entnervte Satz vieler Eltern enthüllt unsere Erwachsenen-Sicht. Wie schon mehrfach erwähnt, entdecken Kinder ihre Umwelt durch die Sinne und damit auch – und vor allem – mit den Händen. Und hier üben die Dinge, die sich bewegen, eine besondere Faszination aus. Der Marienkäfer, der krabbelt, der Frosch, der immer wieder weghüpft, der Regenwurm, der sich in der Hand schlängelt, das Kaninchen, das man nie erreichen kann, die Katze, die sich streicheln läßt, aber auch irgendwann kratzt – all diese Erfahrungen sind sinnlicher Art. Und sie lassen sich nur machen, wenn man „mit den Händen schaut".

Über Streicheln und Befühlen vollziehen sich die ersten und wichtigen Begegnungen von Kindern mit der Tierwelt. Der von den Erwachsenen mit Stolz vorgeführte Elefant im Zoo kommt an die Qualität eines Frosches, den das zweijährige Kind mit festem Griff am linken Hinterbein hält, nicht heran. Vielen Erwachsenen graust es bei dem Anblick – der arme Frosch.

Anregungen zum Nachdenken:
Wie halten wir es mit unserer Tierliebe? Regen wir uns über die Massentierhaltung genauso auf wie über den zertretenen Marienkäfer? Verhindern wir durch unser Konsumverhalten genauso konsequent Tierversuche, wie wir den Kindern verbieten, die Frösche zu fest zu packen? Folgt unserer Aufforderung, die Katze vorsichtig zu streicheln und nicht am Schwanz zu ziehen, „weil es ihr doch weh tut", der tolerante Umgang mit Spinnen im Wohnzimmer?

Kindern fehlt lange Zeit die Fähigkeit, sich in andere Lebewesen hineinzuversetzen. Der Satz „Quäle nie ein Tier zum Scherz, denn es fühlt wie du den Schmerz" kann von Kindern bis zum Alter von ca. drei Jahren noch nicht nachempfunden und deshalb auf diese Altersgruppe auch noch nicht angewandt werden. Kinder quälen nicht. Sie können dieses noch gar nicht. Denn mit dem Begriff „Quälen" ist eine Absicht verbunden: die Absicht, dem anderen Schmerz zuzufügen und sich daran zu freuen. Kinder, die Marienkäfer zertreten, Regenwürmer zerteilen oder Katzen am Schwanz ziehen, tun dies nicht mit der Absicht zu quälen, sie tun dies in der Absicht, zu begreifen. Und die Erfahrungen, die sie aufgrund ihres Handelns machen, bestimmen ihr weiteres Verhalten.

In der Bewertung von scheinbar „tierquälerischem" Verhalten jüngerer Kinder müssen die PädagogInnen individuell vorgehen. Nur indem sie sich in die Situation des Kindes versetzen, können sie eine adäquate Einschätzung des Verhaltens vornehmen.

Das Zertreten von Marienkäfern kann auch als eine erste Kontaktaufnahme zu diesen Tieren gewertet werden. Das Kind nimmt sie wahr und freut sich an ihnen, ja sogar über das Knacken beim Drauftreten. Viele meiner umweltbewußten SchülerInnen berichteten von ihren Erlebnissen mit den „Knacktieren" (weil sie knacken, wenn man drauftritt), an die sie sich auch heute noch erinnern. Besteht dieses Verhalten nur in einer kurzen Phase und wird es nicht durch ständige Verbote und moralische Belehrungen unterbunden, kann diesem Zertreten Neugierde folgen – und damit vielleicht letztendlich umweltschonendes Verhalten. In diesem Sinne sind Kinder als ein Teil der vielen natürlichen Feinde der Marienkäfer zu betrachten.

Es gibt sicher auch Fälle, in denen Kinder die beschriebenen Verhaltensweisen nicht von selbst ablegen. Aber auch hier bewirken moralische Belehrungen meist nur wenig. Sinnvoller ist es zu erkunden, welche Bedürfnisse dem „tierquälenden" Verhalten zugrunde liegen. Es sollte als Symptom begriffen werden, als Hilferuf nach Unterstützung und nicht als Zeichen einer unmoralischen oder grausamen Haltung gegenüber der Natur.

Erwachsene Wertmaßstäbe von tierfreundlichem Verhalten sollten nicht unhinterfragt auf Kinder und Jugendliche übertragen werden. Vielmehr muß der individuelle Entwicklungsstand des einzelnen Kindes für die Bewertung des Verhaltens zugrundegelegt werden.

4.6. Kindermitbestimmung in Umweltfragen

Die augenblickliche Diskussion um Kinderpolitik und Mitbestimmung von Kindern in allen Fragen des öffentlichen Lebens weist auch auf einen wichtigen Aspekt in der Umweltpädagogik hin. Die Frage, wie Natur und Natur-Erlebnisräume gestaltet werden, wie sich städtische Natur und städtisches Wohnen entwickelt und viele weiteren Fragen, die im Zusammenhang mit Kindern und Natur stehen, können und dürfen nicht nur von Erwachsenen für Kinder, sondern müssen auch von Kindern selbst beantwortet werden. Dieter Baacke betont, daß Kinderpolitik immer gleichzeitig eine Politik **für** Kinder und eine Politik **von** Kindern sein muß (vgl. Baacke 1993, S. 20).

Dieses gilt auch für die Beziehung von Kindern zur Natur. Einerseits müssen Erwachsene Bedingungen schaffen, die Kindern vielfältige Formen der Naturbegegnung ermöglichen (also eine Umweltpädagogik und -politik **für** Kinder), andererseits müssen die Kinder die Möglichkeit erhalten, die Art und Weise, wie sie Natur in ihren Nahräumen erleben wollen, selbst zu bestimmen (also eine Umweltgestaltung **von** Kindern).

Für beides – eine Umweltpolitik und -pädagogik für Kinder und eine Umwelt- und Naturgestaltung von Kindern – müssen neue Wege gefunden werden.

Die Kinderpolitik, in der Erwachsene als Lobby für Kinderinteressen – also auch ökologische Interessen – fungieren, steckt bislang in den Kinderschuhen. Kinder sind als Wähler uninteressant, verfügen weder über spezifisch erwachsene Interaktions- und Durchsetzungsstrategien noch über Machtmittel. Die aktive Mitwirkung von Kindern an Umweltpolitik und Umweltpädagogik muß daher von Erwachsenen gefördert werden; sie müssen die entsprechenden Rahmenbedingungen schaffen.

Aber auch Kinder selbst müssen erst lernen, Umweltpolitik zu gestalten bzw. ihre eigenen Interessen an Naturbegegnung wahrzunehmen und zu artikulieren.

An dieser Stelle wird deutlich: zur Aufgabe der Pädagogik gehört die Einmischung in gesellschaftliche und politische Fragen. PädagogInnen müssen sich mitverantwortlich fühlen für die Gestaltung kindlicher Lebensräume. Pädagogik ist nicht nur die direkte Beziehungsarbeit mit Kindern, sondern auch die Einflußnahme auf – in diesem Fall umweltpädagogische und umweltpolitische – settings (vgl. Knauer 1994).

Kinderpolitik wird zur Zeit auch im Bereich „Natur und Umwelt" diskutiert (vgl. Harms/Mannkopf 1989). UmweltpädagogInnen müssen die Bedeutung dieses Bereiches erkennen und in ihre Arbeit miteinbeziehen. Folgende Anregungen mögen Anlaß zum Nachdenken geben:

- Warum sind Umweltbeauftragte eigentlich immer nur Erwachsene? – Sollten nicht vielmehr auch Kinder und Kindergruppen diese Position übernehmen? Es kann zwei Umweltbeauftragte geben: eine Person aus der Lehrerschaft und eine Gruppe von SchülerInnen, die dieses Amt für einen gewissen Zeitraum wahrnehmen (eine Wahl-Arbeitsgemeinschaft im Stundenplan).
- Auch in den Kindertagesstätten können „Umweltbeauftragte" auf Zeit gewählt werden: Jeweils drei Kinder bekleiden für eine Woche das Amt des „Naturschützers". Je nach Kenntnisstand der Kindergruppe achten diese Kinder auf Mülltrennung, Müllvermeidung, Blumen und Tiere der Einrichtung, lesen das Regenmeßgerät ab etc.
- Die SchülerInnen gestalten selbst oder in Zusammenarbeit mit LehrerInnen eine Natur-Tagung oder ein Natur-Seminar (z. B. eine Zukunftswerkstatt, vgl. S. 131 ff. dieses Buches). Hier können verschiedene ökologische Themen behandelt werden: Natur in den Klassenräumen, die Umgebung der Schule, der Schulhof, Abfall und Abfallvermeidung, welche Tiere finden sich auf dem Schulgelände, ökologische Probleme des Stadtteils etc. Wichtig ist hierbei, daß die Vorstellungen, Wünsche und Ideen der SchülerInnen im Mittelpunkt stehen.
- ErzieherInnen und LehrerInnen zeigen eigenes umweltpolitisches Engagement auf kommunaler Ebene.
- ErzieherInnen und LehrerInnen ermutigen Kinder und Jugendliche dazu, umweltpolitische Wünsche und Forderungen zu formulieren und unterstützen sie in ihren Aktionen.

Umweltpädagogik beinhaltet auch Umweltpolitik für und von Kindern. Das bedeutet, daß UmweltpädagogInnen sowohl eine Lobby für Umweltinteressen der Kinder bilden, als auch Räume gestalten müssen, die Kindern ermöglichen, ihre eigenen Umweltinteressen wahrzunehmen und zu artikulieren.

5. Öffnung nach innen und nach außen

Umweltpädagogik muß in der Einrichtung selbst anfangen, kann und darf hier aber nicht aufhören. Vielmehr müssen nach und nach weitere Bereiche miteinbezogen werden. Umweltpädagogik als ganzheitliche Form der Pädagogik bedarf einer Öffnung der Einrichtung nach innen und nach außen.

5.1. Schul- und Kinder-„Gärten“ als Stadtteilgärten

Die Umsetzung umweltpädagogischer Konzepte im Kindergarten und in der Schule beschränkt sich nicht auf die Einrichtung selbst. Das gesamte nähere Umfeld sollte integriert werden.

Gerade Projekte bieten einen hervorragenden Anlaß dafür, die Einrichtung zu öffnen. Eltern und Nachbarn können zu verschiedenen Themen eingeladen werden bzw. an ihnen mitarbeiten (vgl. Elschenbroich 1991, S. 151ff.).

Einige Ideen zur Öffnung des Kindergartens bzw. der Grundschule:

- Zur Ausstellung „Wie der Müll weniger wird“ werden Eltern und Nachbarn eingeladen (– kommt noch die Presse, lernen die Kinder gleich Elemente der Öffentlichkeitsarbeit kennen).
- Kinder und ErzieherInnen entwickeln ein Theaterprojekt zu einem Umweltthema.
- Eltern und LehrerInnen, Kinder und AnwohnerInnen setzen sich gemeinsam für eine Tempo-30-Zone auf den Schulwegen ein.
- Die Kinder und alle MitarbeiterInnen der Einrichtung begrünen das Umfeld der Einrichtung.
- Im Anschluß an ein Projekt wird ein Quiz oder eine Ralley entwickelt; andere MitschülerInnen werden dazu eingeladen.
- Das Projekt wird im Rahmen eines „Tages der offenen Tür“ vorgestellt.
- Projektdokumentationen werden in der lokalen Presse und in Fachzeitschriften veröffentlicht.
- Die direkten und weiteren Nachbarn werden über in den Schulen bzw. Kindertagesstätten geplante und laufende Projekte informiert. Ihre Mitarbeit und ihr Interesse ist erwünscht.
- Bei ortsspezifischen Problemen kann die Schule bzw. die Kindertagesstätte Anregung für eine öffentliche Diskussion oder öffentlichen Widerstand geben, der im Interesse aller Anwohnenden liegt (Ausbau einer Straße im Wohngebiet, Zerstörung eines Biotopes, Fehlen von Müllcontainern, Mangel an Naherholungszonen, Gestaltung der Spielplätze etc.). Hier können gemeinsame kommunale Vorgehensweisen diskutiert und geplant werden.
- Die Nachbarschaft sollte in Feste, Flohmärkte, Tauschaktionen oder örtliche Verbesserungsaktionen einbezogen werden.

Solche Aktionen verbessern die Nachbarschaft, geben den Kindern Bestätigung für ihr Handeln und bewirken konkrete ökologische Verbesserungen. Gleichzeitig bieten sie Handlungsfelder mit Ernstcharakter.

Umgekehrt ist zu überlegen, ob die Gärten der Kindertagesstätten bzw. der Schulen nicht auch Gärten für Kinder in der unterrichtsfreien Zeit sein könnten. Schnell ins Feld geführte versicherungstechnische Probleme sollten eine Herausforderung zur Lösung sein, und der Sorge vor Zerstörung sollte abwartend begegnet werden (oft ist diese Angst unnötig, aber aktivitätshemmend).

5.2. Exkursionen und Erlebnisspaziergänge

Eine Öffnung der Kindergärten und Schulen bedeutet auch, daß Kinder ihr Umfeld kennenlernen. In Ausflügen und Spaziergängen kann die nähere Umgebung erforscht werden, die Kinder erweitern so ihren Aktivitätsradius. Umweltpädagogische Projekte müssen sich nicht auf die eigene Einrichtung beschränken, sie können auch „draußen“ stattfinden.

Mögliche Aktivitäten:
- Kinder helfen bei der Arbeit auf einem nahegelegenen Bauernhof.
- Kinder ernten im Schrebergarten der Eltern oder im Garten des Nachbarn.
- Sie übernehmen Baum- oder Bachpatenschaften.
- Sie erfahren auf einem Spaziergang mit älteren ortsansässigen BürgerInnen den Wandel der Umgebung.
- Auf Tagesausflügen werden Wildgehege besucht.
- Die Kindergartenfreizeit, der Schulausflug wird als Urlaub auf dem Bauernhof gestaltet.
- SchülerInnen untersuchen die Qualität des Sandes auf den Spielplätzen der Umgebung oder testen die Wasserqualität in der Schwimmhalle, dem nahegelegenen Bach oder der Badeanstalt.
- In Absprache mit den zuständigen Stellen wird der Schulgarten, ein Parkstück oder ein Stück Land im Wildgehege von der Klasse bzw. Kindergartengruppe gepflegt.
- Der städtische Tierpark wird kritisch unter die Lupe genommen (ist ausreichend Auslauf vorhanden, werden die Tiere artgerecht gehalten, handelt es sich um einheimische Tiere?).

5.3. Erlebnispädagogik und Natur

Erlebnispädagogik ist zur Zeit in der Kinder- und Jugendarbeit aktuell. Obwohl eine theoretische Einordnung dessen, was Erlebnispädagogik eigentlich ist und welche Bedeutung ihr zukommt, nach wie vor nicht befriedigend erfolgt ist, tummeln sich auf dem pädagogischen Markt verschiedene Anbieter.

Wenn wir im folgenden von „Erlebnispädagogik“ sprechen, gehen wir nicht von einem eindeutigen und klar abzugrenzenden Konzept aus. Für unsere Fragestellung ist unabhängig von der weiteren Entwicklung der theoretischen Auseinandersetzung (vgl. Ewald 1989) interessant, welchen umweltpädagogischen Nutzen wir aus erlebnispädagogischen Angeboten ziehen können.

Gleichzeitig muß beim Lesen dieses Abschnittes bedacht werden, daß sich erlebnispädagogische Angebote immer an ältere Kinder bzw. Jugendliche richten. Im Kindergarten und der Grundschule sind sie daher noch nicht relevant.

Ausgehend von Erlebnisimpulsen heißt Erlebnispädagogik, Gefühle und Erfahrungen zum Ausgangspunkt des Lernens zu machen, lebendig und ganzheitlich zu lehren und zu lernen, das System von Körper-Geist-Seele zu vernetzen und Lernen aktiv und handlungsbezogen zu organisieren.

Erlebnispädagogik richtet sich gegen „Verkopfung“. Sie stellt nicht den Stoff, die Schule, die Pädagogin oder das Lernziel in den Vordergrund, sondern die einzelne Person in einer Gruppe, das Kind, den Jugendlichen in sozialen Zusammenhängen.

Dabei wird nicht an den Defiziten des einzelnen angesetzt, sondern seine Fähigkeiten werden herausgestellt. Es werden Lernsituationen genutzt, die für Kinder und Jugendliche attraktiv sind und Lernorte aufgesucht, an denen aktiv handelnd gelernt werden kann. Hier bietet die Natur besonders viele Erfahrungsmöglichkeiten.

Der körperliche und handwerkliche Einsatz sowie der „Ernstcharakter“ des Handelns spielen eine große Rolle. Es werden Situationen in der Natur arrangiert, in denen sowohl jeder einzelne als auch die Gruppe wichtig sind. Das wechselseitige Aufeinanderangewiesensein, die Erfahrung, daß Aufgaben nur gemeinsam zu bewältigen sind – auch unter Zurückstellung augenblicklicher individueller Bedürfnisse – ist für viele Kinder, Jugendliche aber auch Erwachsene neu. Dieses wird durch die – für viele mittlerweile fremd gewordene – Auseinandersetzung mit der Natur unterstützt. Erlebnispädagogik ist durchaus auch im „Dschungel der Großstadt" denkbar , und gerade weil vielen Kindern und Jugendlichen Natur heute nicht mehr vertraut ist, wird diese wieder faszinierend.

Unter umweltpädagogischem Aspekt ist es wichtig, die Auseinandersetzung mit Naturelementen nicht zu aktionistischen Konsumerlebnissen verkommen zu lassen, sondern vom ersten spontanen Aktionsinteresse zu einer vertieften ökologischen Neugier überzuleiten.

Erlebnispädagogik wird hier nicht als eine Art „pädagogisches Penicillin" verstanden (dann einzusetzen, wenn nichts anderes mehr hilft), sondern als ein Ansatz, der sich auf die Fähigkeiten des Menschen, durch Erleben eigenständig lernen zu können, bezieht.

Erleben bedeutet: mitansehen, mitfühlen, mitmachen, gemeinsam erfahren. In der Erlebnispädagogik geht es vor allem um Erfahrungen, die sich vom normalen Alltagsgeschehen abheben, in denen etwa herkömmliche Versorgungsstrukturen aufgehoben sind. Damit werden in einer Welt, in der das Funktionieren alltäglicher Versorgung eine Selbstverständlichkeit ist, vom einzelnen und der Gruppe Fähigkeiten abverlangt, die ungeübt oder verschüttet sind. Großstadtjugendliche, die im Wald – einem sinnlich und kognitiv fremden Terrain – gefordert sind, sich ihre Wege selbst zu suchen, können nicht auf bekannte Verhaltensrituale zurückgreifen (Straßenkarte, Passanten fragen, Straßennamen lesen etc.), sondern sie müssen für sie völlig neue Orientierungspunkte erkennen, interpretieren und als Bezugspunkte für ihr Handeln nutzen lernen. Dabei geht es nicht um richtig oder falsch im Sinne extern festgelegter Beurteilungskriterien (eine in der Schule trainierte aber lebensfremde Orientierungsmarke). Es kommt auf die direkte Auseinandersetzung mit der Umgebung an (wenn ich schließlich dort angekommen bin, wo ich hin wollte, ist die Aufgabe gelöst – egal welche Wege ich und die Gruppe gewählt haben; vgl. u.a. Becker 1993).

Viele erlebnispädagogische Veranstaltungen nutzen verkaufsfördernd extreme Bedingungen und extreme Lagen (Paddeln im Wildwasser, Klettern in extremen Höhen, Wandern durch die Wüste, Hundeschlittenfahren in Norwegen). Nicht immer wird dabei auf die Umweltverträglichkeit der Aktionen geachtet. Natur darf aber nicht als Vehikel für die Umsetzung von pädagogischen Zielen mißbraucht werden. Alle erlebnispädagogischen Projekte bedürfen einer ökologischen Überprüfung. Ökologisch negative Auswirkungen, die bei fast allem menschlichen

Handeln vorhanden sind, müssen auf ein Minimum reduziert werden.

Darüber hinaus unterliegt Erlebnispädagogik leicht der Gefahr, daß sie lediglich dem Bedürfnis nach Abenteuer, immer extremeren „Kicks“ (S-Bahn-Surfen mit pädagogischer Begleitung?) und Modetrends nachgibt. Die zur Zeit boomende Branche der Erlebnispädagogik muß Formen finden, wie sie von dem „Risikoimage“ (wo liegt eigentlich der qualitative und quantitative Unterschied zwischen erlebnispädagogischen Mutproben und dem Bungee-Springen mit anschließender Reflexion?) wegkommt und zu „leisen“, im Umgang mit der Natur und den Menschen sensiblen Formen erlebnispädagogischer Angebote findet.

Erlebnisse und Erfahrungen in der Natur haben positive Auswirkungen auf die Beziehung von Mensch und Umwelt. Die Wanderung mit Übernachtung unter freiem Himmel, das Erleben eines Sonnenaufganges, die Tage auf dem Bauernhof, die um fünf Uhr in der Früh mit dem Füttern der Tiere beginnen und mit dem Schlafen im Stroh enden – all dies sind „leise“ Erlebnisse, die gleichzeitig alle erlebnispädagogischen Kriterien (Auseinandersetzung mit sich selbst und der Gruppe, Grenzerfahrungen, Handeln und Reflexion) beinhalten können.

Grenzerfahrungen

Ein zentrales Moment erlebnispädagogischer Angebote sind Grenzerfahrungen. Dieser zunächst hohe Erwartungen in Richtung Aktion auslösende Begriff wird in erlebnispädagogischen Projekten zu etwas sehr Privatem, gleichzeitig Spekulativem und Alltäglichem. Während der Begriff „Grenzerfahrungen“ zunächst mit Spitzenleistungen (die einsame Bergbesteigung oberhalb der Siebentausender-Grenze; der Tauchgang in tiefste Meeresspalten unter Lebensgefahr; der Blick in „andere Welten“ nach Marathonmeditationen) assoziiert wird, erleben die TeilnehmerInnen erlebnispädagogischer Seminare etwas ganz anderes. Es sind nicht absolute Grenzen, die es zu überschreiten gilt, sondern immer die eigenen, individuellen Ängste. Und diese sind häufig nicht spektakulär, sondern eingebunden in Notwendigkeiten: mit Langlaufskiern den Bach überqueren, obwohl es unmöglich erscheint; den Weg zur nächtlichen Hütte im Dunkeln suchen und dabei die vermeintlich Schwachen ermutigen, weiterzugehen; den Berg erwandern, vor dem die Angst so groß ist; früh aufstehen und die Tiere füttern, obwohl dieses sämtlichen Wohlstandsbedürfnissen nach Ausschlafen widerspricht; allein (nur in Rufweite von anderen) im

Schlafsack auf dem Feld übernachten, während sämtliche uneingestandenen kindlichen Phantasien von Räubern, Ungeheuern und Geistern auf einen einstürmen etc.

Grenzen sind immer individuell. Jeder hat seine eigenen Grenzen, die es zu überschreiten gilt. Dieses wird mit zunehmendem Alter schwieriger. Während Kinder Grenzüberschreitungen täglich leisten müssen (Leben lernen ist eine permanente Grenzüberschreitung), ist dies Erwachsenen und heute zunehmend auch schon Jugendlichen fremd. Grenzüberschreitungen bedeuten aber auch Lebendigkeit, Weiterentwicklung. Sind sie nicht mehr möglich, tritt Erstarrung ein.

In erlebnispädagogischen Projekten entscheidet jedes Mitglied der Gruppe selbst, wo die persönlichen Grenzen liegen. Der Ansporn und auch der Gruppendruck liegt darin, daß jeder einen Schritt weiter geht als bisher. Es geht darum, daß jeder prüft: Könnte ich diesen Schritt nicht doch noch gehen? Vergleicht man diese Erlebnisse mit den Gefühlen, die ein Kind beim Erklettern eines Baumes hat (vgl. S. 61 dieses Buches), wird deutlich: Erlebnispädagogik ermöglicht Erfahrungen, die ein Grundbedürfnis von Kindern und Jugendlichen sind: sich selbst in der Auseinandersetzung mit Natur erleben. Je weniger dieses Kindern und Jugendlichen heute natürlich möglich ist, umso wichtiger werden erlebnispädagogische Ansätze in und mit der Natur.

Aus pädagogischer Sicht (kommerziellen Interessen allerdings entgegenlaufend) müssen ErlebnispädagogInnen sich dafür einsetzen, daß Kinder und Jugendliche diese Erfahrungen im Alltag wieder machen können. Erlebnispädagogische Projekte werden nur dort benötigt, wo keine selbstbestimmten Abenteuer mehr möglich sind. Damit muß Erlebnispädagogik das gleiche Ziel wie die Sozialpädagogik verfolgen: Sie sollte sich selbst überflüssig machen (indem sie sich für städtische Lebensräume einsetzt, die Kindern Abenteuer ermöglichen). Erst dann ist Erlebnispädagogik aus umweltpädagogischer Sicht glaubwürdig.

Soziales Lernen

Wenn es nicht nur um oberflächliches, äußerliches Erleben gehen soll, sondern vor allen Dingen um die Verständigung über das Erlebte und um die Einbettung des Erlebten in alltägliche Lebenszusammenhänge, dann muß das Kind bzw. der Jugendliche die Herausforderung wahrnehmen, die durch die Aufgabe und die Umgebung für die TeilnehmerInnen selbst und die Gruppe entstehen. Dieses stellt hohe Anforderungen an häufig vernachlässigte Fähigkeiten, wie Sensibilität, Toleranz, Durchsetzungsfähigkeit und das Vermögen, Konflikte konstruktiv lösen oder auch aushalten zu können. Erlebnispädagogik findet auf engem Raum statt, die Gruppenmitglieder sind aufeinander angewiesen, und es gibt wenig Ausweichmöglichkeiten. Die Kinder und Jugendlichen müssen sich vielen sozialen Situationen stellen, denen sie sonst zu entgehen versuchen. Erlebnispädagogik bedeutet also in starkem Maße: Ich erlebe mich als Person mit und durch andere Personen.

Übertragung in den Alltag

Das Hauptproblem erlebnispädagogischer Projekte liegt darin, die gemachten Erfahrungen in den Alltag zu übertragen. Solange die Lerneffekte für die einzelnen TeilnehmerInnen lediglich auf die Projektsituation (z.B. die Wanderung durch den verschneiten Wald) beschränkt sind, bleibt Erlebnispädagogik sinnlos. Erst die Übertragung auf alltägliche Situationen bietet den TeilnehmerInnen die Möglichkeit, neue Verhaltensmuster zu erkennen und zu erproben. Wird dieses nicht geleistet, verbleibt Erlebnispädagogik auf der Ebene des Bungee-Springens (der Kick läßt einen Moment den Alltag vergessen, ändert ihn aber nicht).

Diese Übertragungs-Problematik ist von der Erlebnispädagogik zwar erkannt, aber noch nicht zufriedenstellend bearbeitet worden. Die tägliche Reflexion des Tagesgeschehens ist ein wichtiges Instrument, um die Übertragung von Erfahrungen im Alltagsleben zu erleichtern. Nicht nur das Erleben, sondern das Bewußtmachen und die Reflexion der Handlungen im Laufe eines erlebnisreichen Tages bewirken eine Vertiefung der Erfahrungen. Dies ermöglicht den einzelnen TeilnehmerInnen damit auch die Möglichkeit der individuellen Übertragung auf ihr Alltagsleben.

Über das konkrete erlebnispädagogische Projekt hinaus bieten auch später stattfindende Auswertungstreffen die Möglichkeit, eine Brücke zwischen Projekt und Alltag zu schlagen. Mit dieser Übertragungsfähigkeit steht und fällt die Wirkung erlebnispädagogischer Angebote (vgl. Bühler 1986). Vor allem erlebnispädagogische Kurzzeitangebote von wenigen Tagen, zu denen die TeilnehmerInnen nicht ganz freiwillig kommen (Betriebsfortbildungen, Schulklassen etc.) können diese Umsetzung in den Alltag oft nicht leisten.

5.4. Waldkindergärten und Kinderbauernhöfe

Immer mehr Eltern, ErzieherInnen und PädagogInnen sind mit den gängigen pädagogischen Ansätzen auch im Hinblick auf den Einbezug umweltpädagogischer Elemente unzufrieden und suchen nach Alternativen.

In einer Welt, in der Leistungsansprüche immer mehr zählen und in der die Distanz zur Natur immer größer wird, suchen viele Erwachsene nach Möglichkeiten, ihre Kinder naturnah aufwachsen zu lassen. Die Erforschung der Natur mit allen Sinnen, die Orientierung an kindlichen Formen der Umweltauseinandersetzung und der Einbezug eigener ökologischer Bedürfnisse und Erkenntnisse stehen im Mittelpunkt vieler kindorientierter umweltpädagogischer Konzepte, die zur Zeit entwickelt und erprobt werden.

Als theoretische Bezugspunkte dienen dabei Malaguzzis Theorie der ganzheitlich-sinnlichen Wahrnehmung (vgl. Göhlich 1990; Dreier 1993; Malaguzzi 1992), die Theorie der geistigen Entwicklung von Piaget (vgl. Piaget/Inhelder 1980) und die Schule der Sinnestätigkeit, der Selbständigkeit und Selbsterziehung von Maria Montessori (vgl. Montessori 1980; Schmutzler 1991).

Als umweltpädagogisches Element ist diesen Ansätzen gemeinsam, daß sie von einem ganzheitlichen kindorientierten Konzept ausgehen. Zunächst werden die Sinne des Kindes gefördert, ihnen wird Raum für eine selbstbestimmte Erkundung der natürlichen Umwelt gelassen. Erst, wenn das Kind in der Lage ist, seine Umwelt mit all seinen Sinnen forschend zu erfahren, wenn es selbstbewußt und sicher ist, kann es sich mit seiner sachlichen und sozialen Umwelt kognitiv auseinandersetzen. Das Kind erwirbt sein „Wissen“ über eigene Aktivitäten. Kinder sind kleine Forscher, die ihre Umwelt selbstbestimmt erkunden und erobern wollen.

Auf der Straße sind diese kleinen Forscher heute allerdings kaum noch anzutreffen. In städtischen Räumen wird es ihnen sehr schwer gemacht. Autos haben ihre Spielplätze verdrängt und sich dialogisch weiterentwickelnde Bewegungsspiele werden ersetzt durch organisiertes Spiel, Sporthallen und Gruppenräume. In der Schule und in Kindertagesstätten können sich Kinder häufig nur eingeschränkt bewegen, an die Stelle improvisierter Spielmaterialien wie Abfallholz zum Bauen von Hütten, Laubhaufen zum Verstecken und Dosen zum Fußballspielen sind didaktische Spielmaterialien getreten, die häufig nur monofunktional zu verwenden sind.

Kinder haben heute wenig Raum zur Veränderung. Das führt dazu, daß sie häufig nicht mehr draußen spielen können. Sie sind kaum noch kreativ in Gruppen tätig und bevorzugen das Alleine-Spielen.

Es werden Ansätze benötigt, die die direkte Auseinandersetzung mit der Natur in den Mittelpunkt stellen. Kinder brauchen natürliche Bewegungsräume. Um die Welt zu begreifen, benötigen sie Räume, die die Sinne herausfordern, die sie zu aktiven Erkundungen und Umgestaltungen der Umgebung anregen.

Als Beispiele seien hier der Waldkindergarten und die Kinderbauernhöfe vorgestellt.

Der Waldkindergarten:
Die Idee des Waldkindergartens kommt aus Dänemark. Hier sind 80% aller Mütter berufstätig. Daher besuchen fast alle dänischen Kinder im Vorschulalter eine Kindertagesstätte. Da auch in Dänemark viele Kinder in engen Wohnungen und zubetonierten Siedlungen mit unzureichenden und wenig attraktiven Spielflächen aufwachsen und Natur nur noch als künstliches Arrangement (aus zweiter Hand) erleben, entstand bei Eltern und PädagogInnen die Idee des Waldkindergartens.

Der Waldkindergarten ist ein Kindergarten ohne Räume. Bewegungsraum ist der Wald, die umliegenden Felder und Wiesen. Im Waldkindergarten wird die – uns mittlerweile selbstverständlich gewordene – Fixierung pädagogischer Arbeit auf Innenräume aufgegeben (vgl. Berthold 1994; Henning/Jäger 1994).

Man war sich einig darüber, daß Kinder selbst wissen oder lernen, ob ihnen warm oder kalt ist, ob sie Hunger oder Durst haben, ob sie laufen oder sitzen wollen. Nach und nach lernt das Kind, auf sich selbst zu hören und diese Bedürfnisse nicht durch Erwachsene reglementieren zu lassen. Und da die Dänen traditionell Naturfreunde sind und Zusammenhänge zwischen Ökologie bzw. Natur, Geschlechtsidentität und handlungsorientierter Pädagogik sehen, da sie der unerschütterlichen Auffassung sind, daß Licht, Sonne und frische Luft allen Kindern gut bekommt, die Gesunderhaltung fördert, die Abwehrkräfte steigert und das zu jeder Jahreszeit, beschlossen PädagogInnen und Eltern, eine Betreuungsmöglichkeit im Freien einzurichten. Der Waldkindergarten war geboren.

Und so einfach funktioniert er: Die Kinder werden morgens an einem zentralen Ort abgeliefert, um dann gemeinsam einen Platz im Freien (Wald, Wiese, Strand, Bach) aufzusuchen. Grundsätzlich gehen die am Projekt beteiligten Personen davon aus, daß man sich den ganzen Tag über im Freien aufhalten kann. Es wird jedoch ein Unterschlupf, der Schutz vor zu starkem Regen oder zu großer Kälte gewährt und in dem Ersatzkleidung deponiert wird, bereitgehalten (eine einfache Hütte).

WaldkindergartenpädagogInnen gehen davon aus, daß Draußenspielen bei jedem Wetter möglich ist. Es ist eine Frage der Kleidung, ob Kinder wetterunabhängig draußen spielen können und mögen. Der Aufenthalt im Freien hat zu jeder Jahreszeit seinen besonderen Reiz: Kinder erfahren die Wirkung von Kälte und lernen, sich davor durch Bewegung oder entsprechende Kleidung zu schützen. Sie erfahren die Wirkung von Sonne und Wärme und merken, daß es notwendig ist, sich einzucremen und einen Sonnenschutz zu bauen. Sie schützen sich vor Wind und Regen und erleben:

- wie man sich mit einem aufgespannten Regenschirm vom Wind antreiben lassen kann;
- wie Regen den Boden aufweicht und warum es notwendig ist, Gummistiefel anzuziehen;
- wie Pfützen entstehen, die zu vielen Spielen auffordern;
- wie prasselnder Regen die Haut massiert und die Haare geschmeidig werden läßt;
- daß man aus Schnee zum Schutz vor Kälte eine Höhle bauen kann;
- daß man sich auch am offenen Feuer wärmen kann;
- daß die Natur viele eßbare Früchte hervorbringt;
- daß Bäume, Büsche und Gräben wunderbare Verstecke sind und sich zum Klettern, Balancieren und Besteigen eignen;
- daß die Natur ein wahres Paradies für Entdeckungsreisen ist.

Für ihre Entdeckungsreisen benötigen die Kinder Ferngläser, Lupen, Eimer, Käscher und andere Utensilien. So lernen sie, Natur dort zu begreifen, wo sie tatsächlich noch pur vorhanden ist und nicht künstlich arrangiert werden muß: Sie nutzen die situativen Bewegungsanlässe, die die Natur bietet, sie rennen, springen, balancieren, klettern, steigen, kriechen, heben, tragen und rutschen. Sie nehmen ihre Welt als eine Welt der Begegnungen wahr. Sie beschäftigen sich mit dem unstrukturierten Material, das die Umwelt ihnen bietet, spielen und bauen damit, konstruieren selbsttätig, schaffen ihre eigene Ordnung und gewinnen Erfahrungen aus erster Hand. Die PädagogInnen begleiten die Kinder, beobachten sie und ermutigen immer wieder dazu, unterschiedliche Geräusche und Gerüche wahrzunehmen, selbst Erfahrungen zu sammeln und eigene Wege zu erkunden. Kurz: Die Kinder erleben einen Alltag in der Natur.

Ganz nebenbei fördert dieser Alltag auch die Mädchen: Diese haben nicht mehr die Möglichkeit, sich auf „stille“ Spiele am Tisch und Bastelarbeiten zurückzuziehen. Auch sie werden durch den selbstverständlichen Wald-Kindergartenalltag angeregt, sich körperlich mit der Natur auseinanderzusetzen.

Prinzipien des Waldkindergartens sind:

- die Welt (Natur) mit allen Sinnen zu erforschen;
- die Neugier der Kinder auf Natur zu wecken;
- wechselseitige Prozesse und Beziehungen (zwischen Natur und Kindern) zu ermöglichen;
- das Kind als aktives forschendes Wesen zu begreifen;
- Kinder ihre eigenen Bedürfnisse entdecken und regulieren zu lassen;
- Kindern das Leben in und mit der Natur attraktiv zu machen;
- mit geringem Kostenaufwand ein Maximum an wechselseitiger Beeinflussung zu ermöglichen (Kind und Natur; Kind und Erwachsener; Erwachsener und Natur etc.).

Kinderbauernhöfe:
Hühner gackern, Esel schreien, Bronzo, der Hofhund jagt Elisabeth, die Gans über die Wiese. Moritz striegelt Adam, das Mini-Schwein, Carl-Christian und Ramona machen die Ponys zum Ausritt über die Koppel fertig. Jannik und Jakob versorgen die Kaninchen. Was sich so oder ähnlich tagtäglich unbeschwert in freier Natur auf vielen Bauernhöfen abspielt, hat einen Namen: Erlebnispädagogik auf dem Kinder- und Jugendbauernhof.

In vielen Bundesländern gibt es besonders in städtischen Räumen Bauernhöfe, auf denen Kinder Natur erleben und begreifen können. Kinder erleben hier, daß

Säen und Ernten, Wachsen und Weichen, Leben und Sterben natürliche Abläufe unseres Lebens sind. Pflanzen, Tiere und Wetter sind nicht mehr nur eine angenehme ästhetische Kulisse, sie bestimmen das Leben auf dem Hof. Wenn bestimmte Arbeiten nicht verrichtet werden, gibt es nichts zu essen. Die Hühner brauchen Futter, um Eier zu legen, die neu geborenen Kaninchen benötigen einen Stall, wenn der Fuchs sie nicht holen soll; die Pferde müssen gepflegt und gefüttert werden, sonst lassen sie sich nicht reiten.

Im Bundesgebiet gibt es etwa 400 Einrichtungen, in denen Kinder und Jugendliche Spiel, Spaß, Abenteuer und Arbeit im Wechsel erleben, wobei das eine nicht immer von dem anderen zu unterscheiden ist. Die Kinder lernen verantwortlichen Umgang mit Tieren und Pflanzen; sie säen und sehen ihre Produkte wachsen, sie ernten und verspeisen sie. Hier begreifen Kinder vor Ort komplexe Lebenszusammenhänge. Während Improvisation und Kreativität in der sonst vorgeformten Welt verkümmern, sind hier genügend Freiräume zur Entfaltung. Grenzen werden durch die Natur selbst gesetzt. Die Kinder erfahren einfache ökologische Zusammenhänge, die sonst in ihrem Alltag keine Rolle mehr spielen: sie erleben, wie das Ei gelegt und noch nestwarm zum Backen in die Küche gebracht wird; sie erleben die Geburt von Ferkeln und das Schlüpfen von Küken; sie sehen, wie Kühe von Hand gemolken werden und können selbst Hand anlegen; sie sehen aber auch, daß Tiere sterben – sterben auch durch die Hand des Menschen, der die Tiere verspeist.

Viele Bauernhöfe, die von pädagogisch und landwirtschaftlich ausgebildetem Personal betreut werden, bieten ein Rahmenprogramm an: Klassen und Kindergruppen können regelmäßig einmal wöchentlich kommen, eigene Beete anlegen und pflegen, eigene Tiere halten und versorgen, sich also an der Tier- und Gartenpflege beteiligen.

Für Gruppen, die mehrtägig einen Hof besuchen, werden neben den alltäglichen Verrichtungen und Vergnügungen Spielangebote gemacht: Hofralleys, Naturerkundungsspiele, Wahrnehmungsübungen, Ausflüge etc. Es werden Geburtstagsfeiern und Projektwochen angeboten, Familientage gestaltet, Feste organisiert und Fortbildungsveranstaltungen im Bereich „Natur-Erleben" angeboten.

Im Rahmen zunehmender Verstädterung sollten Kinder- und Jugendbauernhöfe in städtischen Räumen eigentlich eine Selbstverständlichkeit sein. Die Bremer Kinder- und Jugendfarm hat im Sommer 1992 den „Kinder-Oscar für herausragende Jugendarbeit vom Senator der Hansestadt" bekommen. Dabei wird deutlich, daß auch hier Umweltpädagogik kein isolierter Bereich ist. Naturbegegnung hat immer sehr viel mit sozialem Lernen zu tun. „Vandalismus, Drogen, Tierquälerei und Diebstahl sind hier kein Thema mehr", so einer der Betreiber (vgl. Tiedemann et al. 1993; vgl. auch Albrecht 1989; Kerstan/Schock 1994).

Zielsetzungen der Kinder- und Jugendbauernhöfe sind:

- Lebenszusammenhänge und Naturkreisläufe erfahrbar zu machen;
- das Leben den Bedingungen der Natur entsprechend auszurichten;
- eigenverantwortliches Arbeiten und Spielen zu ermöglichen;
- Kinder zu befähigen, eigene und fremde Bedürfnisse einschätzen und abwägen zu lernen;
- ihnen beizubringen, Gefahren einschätzen und damit umgehen zu können;
- ihnen zu ermöglichen, Gemeinschaftsarbeit und Abhängigkeiten kennen- und einschätzen zu lernen.

6. ErzieherInnen und Eltern – Umweltpädagogik muß bei den Erwachsenen beginnen

Umweltpädagogik wird immer noch vor allem durch Erwachsene angeregt und durchgeführt. Daher spielt das Naturverhältnis der Erwachsenen eine besondere Rolle.

6.1. Authentizität und Umweltpädagogik – Möglichkeiten und Grenzen

Nur was wir selbst leben, glauben uns die Kinder.

ErzieherInnen und Eltern müssen bei ihrem eigenen Verhalten ansetzen, um umweltpädagogisch zu wirken.

Authentizität – Möglichkeiten und Grenzen

Vielfach ist in diesem Buch von der notwendigen Authentizität der UmweltpädagogInnen gesprochen worden. Die Tatsache, daß wir selbst das wichtigste Medium in der pädagogischen Arbeit sind, bedeutet, daß wir unsere Person, unsere Gedanken, Einstellungen und Gefühle in unserer pädagogischen Arbeit nicht außen vor lassen dürfen, sondern sie zur Grundlage des pädagogischen Handelns machen müssen.

Wir müssen uns nach unserem eigenen Verhältnis zur Natur fragen.
- Wie nehme ich Natur wahr?
- Welche Bedeutung hat Natur für mich?
- Von welcher Zukunft träume ich?
- Wie ökologisch verhalte ich mich in meinem Alltag?
- Welche positiven und negativen Gefühle habe ich der Natur gegenüber?
- Welche Kenntnisse über ökologische Zusammenhänge habe ich?
- Wieviel Mut habe ich, etwas anders und eventuell auch gegen die vorherrschende Meinung zu machen? etc.

Diese Fragen sollten mit KollegInnen gemeinsam erörtert und besprochen werden. Sie geben uns viele Hinweise auf Möglichkeiten und Grenzen unseres umweltpädagogischen Handelns. Sie geben uns auch Hinweise darauf, warum Kinder einige Dinge von uns schnell annehmen und andere nur schwer. Vielleicht spüren sie unsere lediglich künstlich überspielten Ängste vor Spinnen; vielleicht nehmen sie Widersprüche in unserem Verhalten wahr, die uns gar nicht auffallen.

In dieser Auseinandersetzung mit uns selbst werden wir wahrscheinlich unter anderem auf folgende Verhaltensweisen stoßen:

- Vielfach nehmen wir eine Wertung von Natur vor: in Schädlinge und Nützlinge oder in Unkräuter und Zier- bzw. Nutzpflanzen. Diese Wertung entspricht nicht dem ökologischen Wert der Tiere oder Pflanzen. Hier werden vielmehr soziale und vermeintlich ästhetische Bewertungskriterien wirksam (Spinnen werden mit Schmutz, Ratten mit Abfall, Asseln mit Dunkelheit, Mäuse mit Armut etc. verbunden).
- Vor allem gegenüber Tieren werden häufig unbewußte und unverarbeitete Gefühle wirksam: Ekel vor Spinnen, Ängste vor Bienen und Wespen, Panik vor Schlangen. Diese Gefühle werden rationalisiert, indem Tiere in gute und schlechte, in saubere und schmutzige unterteilt werden.
- Die eigenen Handlungsmöglichkeiten werden unterschätzt. Besonders dort, wo ökologisch ausgerichtetes Handeln eine Einschränkung unserer Lebensweise bedeutet, wird der Einfluß eigenen Handelns leicht verleugnet (was nützt es, wenn ich mit dem Bus fahre, wenn alle anderen es nicht machen?). Vor allem der Hinweis auf entpersonalisierte Großinstitutionen (der Staat, die Industrie, die Konzerne, der Handel etc.) erleichtert das Ausweichen vor eigener Verantwortlichkeit.

Die Auseinandersetzung mit diesen Fragen hat nicht zum Ziel, alle Widersprüche aufzuheben. Genausowenig bedeutet Authentizität, zum ökologischen Supermenschen zu werden (dieses belastet Kinder, Jugendliche und Erwachsene eher), sondern die eigenen Fähigkeiten und Grenzen zu kennen und an ihnen zu arbeiten.

Alle kennen die Eltern, die auf Vollwerternährung ihrer Kinder achten: kein Weißbrot, kein weißer Kuchen, kein Zucker, keine Schokoküsse etc. Manchmal sind diese Regeln so strikt, daß selbst die Eltern sie nicht einhalten können. Heimlich findet man dann den „Öko-Vater“ an der nächsten Pommes-Bude oder die „Öko-Mutter“ in der Konditorei. Und die Kinder sind auf Kindergeburtstagen die ersten, denen von 10 Schokoküssen schlecht wird oder die immer wieder heimlich zum Kuchentisch laufen, um sich noch ein Bonbon zu holen. Wäre es nicht für alle Beteiligten ehrlicher, einfacher und letztlich gesünder, zu den eigenen Grenzen zu stehen? Regeln, die so streng sind, daß ihre Einhaltung enorme Kraft kostet, sind unökonomisch und unsinnig. Auch Kinder können lernen, daß bestimmte Grundsätze (hier: gesunde Ernährung) wichtig sind, daß aber Ausnahmen von der Regel auch möglich sein können (Süßigkeiten) und daß diese Ausnahmen nicht die Grundsätze als solche unsinnig werden lassen.

Meiner Einstellung zur Natur auf der Spur – ein Experiment (für PädagogInnen und Jugendliche):
Mit etwas Ruhe und Konzentration und in entspannter Atmosphäre (also nicht gerade im Klassenzimmer oder im Gruppenraum) bekommen wir Zugang zu einem Teil unseres Seins, der sonst im Verborgenen bleibt. Der Raum für das meditative Experiment kann zwar gestaltet, darf aber nicht verstaltet sein.

Suchen Sie sich einen angenehmen Platz zum Sitzen oder Liegen und entspannen Sie sich.

- Denken Sie an ein besonders schönes Naturerlebnis. Wann haben Sie in der Natur etwas besonders Schönes gefühlt oder gesehen? Wann hatten Sie das Gefühl, mit sich und der Natur eins zu sein?
- Konzentrieren Sie sich auf dieses für Sie persönlich wichtige Naturerlebnis. Schließen Sie die Augen, atmen Sie tief durch, und denken Sie sich an den Platz, an dem „Ihr" Naturerlebnis stattgefunden hat (an den Wald, die Wiese, den Strand).
- Erinnern Sie sich, wer an diesem Erlebnis beteiligt war: Waren Sie allein oder in einer Gruppe, spielten Tiere oder Pflanzen eine Rolle, an welche Details erinnern Sie sich?
- Spüren Sie Ihre Gefühle: Freude, Feierlichkeit, Freundschaft, Vertrauen, Wärme etc. Welches Gefühl steht im Vordergrund? Welche Assoziationen verbinden Sie mit dem Naturerlebnis?
- Genießen Sie nochmals die Situation. Gehen Sie an den Anfang zurück, und verfolgen Sie das Geschehen im Zeitraffer bis zum Ende.
- Überlegen Sie, wie Sie anderen Menschen, z.B. den Kindern Ihrer Klasse, Ihrer Kindergruppe dieses Gefühl vermitteln können. Wie können Sie ausdrücken, was Sie berührt hat (durch Musik, Zeichnungen, Geschichten etc.)?

Sie müssen Ihre ganz persönliche Form finden, wie Sie Kindern Ihr Verhältnis zur Natur vermitteln können. Die Angst vor Lächerlichkeit, vor der Preisgabe eigener Gefühle steht einem authentischen Verhalten im Wege.

Pädagogik wird von individuell unterschiedlich denkenden und handelnden Menschen vermittelt. Deshalb sollte die Wahrnehmung des eigenen Verhaltens und die Auseinandersetzung mit den eigenen Einstellungen und Gefühlen immer am Anfang der pädagogischen Arbeit stehen. In diesem Fall lautet die Schlüsselfrage: Was bedeutet Natur für mich?

6.2. Ökoquatsch oder Lebenshilfe? – Elternarbeit einmal anders

Die grundlegenden Umwelterfahrungen machen Kinder in ihren Familien. Mütter und Väter vermitteln ihren Kindern eine erste und damit wichtige Sicht der Dinge – auch der Natur.

Ökologisches Denken und Handeln in den Familien widerspricht häufig umweltpädagogischen Anforderungen. Elternarbeit ist daher ein wichtiger aber auch sehr schwieriger Bereich der Umweltpädagogik.

- Er ist wichtig, weil Eltern den nachhaltigsten Einfluß auf das Umweltverhalten ihrer Kinder haben. Findet hier eine ökologische Sensibilisierung statt, kommt dies direkt den Kindern zugute.
- Er ist schwierig, weil eine Umweltpädagogik, die sich am Alltagshandeln orientiert, damit auch alltägliche Abläufe in den Familien thematisiert. Gerade hier sind Eltern sehr sensibel. Wie in der Arbeit mit den Kindern und Jugendlichen sind auch hier moralische Appelle und Verurteilungen folgenlos und müssen unbedingt vermieden werden!

Eltern erziehen ihre Kinder so, wie sie selbst sozialisiert wurden. Hier spielen die Herkunftsfamilien, aber auch andere Sozialisationsinstanzen wie Kindergarten, Schule, Jugendgruppen, Medien (vor allem das Fernsehen), politische Gruppierungen etc. eine Rolle. Wenn Eltern, wie die Darstellung der Sozialisationsbedingungen (vgl. S. 30 ff. dieses Buches) vermuten läßt, zum Teil selbst eine naturferne Sozialisation erlebt haben, ist eine Ablehnung umweltgerechter Verhaltensweisen – vor allem, wenn sie mit vermeintlichen Einbußen der Lebensqualität einhergeht – durchaus nachvollziehbar.

Am Anfang der Elternarbeit muß daher, wie bei der Arbeit mit Kindern, die Suche nach Anknüpfungspunkten stehen. Es muß überprüft werden, welche Themen für den Alltag der Eltern wichtig sind. Wo sind Eltern aufgrund ihrer Lebenssituation an ökologischen Fragen interessiert? Folgende Fragestellungen können dabei behilflich sein:

- Läßt sich aus den Erzählungen der Eltern und/oder Kinder schließen, daß ökologische Themen zu Hause eine Rolle spielen?
- Wieviele Eltern verfügen über einen Garten? Welche Rolle spielt Natur vermutlich in ihrem Alltag?

- Haben einige Eltern oder Kinder mit gesundheitlichen Problemen zu tun, die eventuell auf Umweltverschmutzung zurückgeführt werden können? Bestehen Nahrungsmittelallergien?
- Gibt es Eltern, die Interesse an oder sogar Erfahrung in ökologischem Handeln haben?
- Wie sieht die Spielplatzsituation vor Ort aus?
- Spielen Unachtsamkeit, Nicht-Wissen, Unsicherheit oder Ablehnung bei ökologischen Verhaltensweisen eine Rolle?

Es lassen sich zwei unterschiedliche Startbedingungen unterscheiden:

- An Umweltfragen grundsätzlich interessierte Eltern möchten in der Regel die Neugierde ihrer Kinder aufgreifen. Die Sensibilisierung für umweltpädagogische Belange geschieht hier in erster Linie durch die Kinder selbst. Kinder fragen nach den Lebensgewohnheiten von Tieren und den Namen von Pflanzen. Kinder freuen sich auf Besuche im Wildgehege und im Tierpark. Nicht immer aber verfügen Eltern über das notwendige Wissen um ökologische Zusammenhänge oder über Ideen und Anregungen für die Gestaltung der Naturbegegnungen ihrer Kinder. Diese Eltern brauchen Informationen und Anregungen, um ihre Unsicherheit zu überwinden.
- Mütter und Väter, die ökologischen Fragen eher gleichgültig oder ablehnend gegenüberstehen, sind wesentlich schwieriger zu erreichen. Hier müssen besonders genau Anknüpfungspunkte gesucht werden, die für diese Eltern von Bedeutung sind. Gegebenenfalls muß dieses individuell geschehen.

Grundsätzlich müssen wir uns im Bereich der Elternarbeit von der Vorstellung verabschieden, daß wir immer alle Mütter und Väter einer Gruppe durch die gleichen Angebote erreichen. Vielmehr ist es bei der Vielfalt der familiären Lebensbedingungen unabdingbar, daß auch Eltern sich bei unterschiedlichen Themen verschieden stark angesprochen fühlen. Aufgabe der PädagogIn ist nicht, immer alle Eltern zu erreichen, sondern alle Eltern irgendwann einmal zu erreichen. In der Arbeit mit einzelnen Eltern sind Sonderwege hin und wieder unumgänglich.

Sehr bedeutsam ist es, die umweltpädagogische Arbeit in den Einrichtungen transparent zu machen und die Eltern kontinuierlich miteinzubeziehen. Es wird immer einige Mütter und Väter geben, die umweltpädagogische Bemühungen mit dem Schlagwort „Ökoquatsch" abtun. Dann müssen Wege der Elternarbeit gefunden werden, die vielleicht auch diesen Eltern die Möglichkeit zur Teilnahme eröffnen.

Elternarbeit kann geschehen, durch:
- die klassischen Elternabende (die teilnehmerorientiert gestaltet werden);
- Elternbriefe (die als Elternzeitungen, von den Kindern mitgestaltet, gute Einblicke in die Arbeit des Kindergartens, der Schule und damit auch in umweltpädagogische Arbeit geben können);
- Ausstellungen (zu umweltrelevanten Themen aus Kindersicht);
- Dinge, die die Kinder mit nach Hause bringen;
- Hinweise bei „Tür- und Angel-Gesprächen" mit dem abholenden Elternteil (ergibt sich auch in Grundschulklassen hin und wieder);
- Besuche der Familien (mit einigen oder allen Kindern);
- die Bitte um Mithilfe bei bestimmten Projekten. Hier erweist sich vielleicht das Wissen des Vaters, der der Umweltpädagogik am ablehnendsten gegenübersteht, als das wichtigste. (Auch über solche Anreize lassen sich Eltern motivieren!);
- Aufgaben für die Kinder (Kompost für die Anlage des Komposthaufens mitbringen).

Elternselbsthilfe in der Schule – ein Beispiel:
Carl-Christian kommt neuerdings jeden Tag mit tränenden Augen und andauerndem Niesen aus der Schule. Natürlich vermuten seine Eltern sofort Zusammenhänge mit seinem durch Hausstaub verursachten Asthma. Nachfragen beim Erstklässler führen zu keinem Ergebnis. Also telefonieren die Eltern herum (für die Einrichtung einer Telefonkette wurde zum Glück gleich zu Beginn des Schuljahres gesorgt). Da auch bei Hilde und Tobias ähnliche Symptome aufgetreten waren, stand der Verursacher der Beschwerden schnell fest. Ein Gespräch mit der Klassenlehrerin brachte dann folgendes zutage: Im Rahmen des „offenen Unterrichts" durften die Kinder, die ihre Arbeiten schnell erledigt hatten, in die neu eingerichtete und mit Teppichboden und Kissen ausgestattete Kuschelecke. Das ist natürlich nicht nur für Kinder, sondern auch für Milben ein großartiger Tummelplatz.

Da nicht nur Carl-Christian allein betroffen war und die Eltern mittlerweile wußten, daß 25% aller in der Allgemeinpraxis behandelter Kranken an Atemwegserkrankungen leiden, beschlossen sie, eine Elterninitiative ins Leben zu rufen, die folgende Ziele verfolgt:
- Aufklärung der Lehrkräfte, insbesondere auch der Sportlehrkräfte und anderer Eltern,
- asthmatikerfreundliche Einrichtung der Klassenzimmer,
- telefonischer Nothilfedienst,
- schulübergreifende Angebote wie Atemgymnastik und Autogenes Training,
- Gesprächskreis für Eltern von Asthma-Kindern,
- Ermutigung der Lehrkräfte, auch vorbeugend für andere Kinder, Unterrichts-

räume häufiger zu verlassen und einen Teil des Unterrichts ins Freie zu verlegen,
- allgemeine gesundheitliche Aufklärung der Eltern, LehrerInnen und SchülerInnen,
- Anregung gesundheitlicher Themen für Projektarbeiten und Projektwochen.

Die Arbeit der Elterninitiative erwies sich als ausgesprochen effektiv, zumal sich in der Elternschaft ein Arzt und eine Krankengymnastin befanden, die viele Anregungen geben konnten. Aufgrund dieser positiven Erfahrungen entsteht an der gleichen Schule gerade eine ähnliche Initiative für Eltern von Kindern mit Legasthenie.

Auch wenn im beschriebenen Beispiel die Initiative von betroffenen Eltern ausging, gibt es zahlreiche Beispiele dafür, daß auch LehrerInnen in dieser Richtung aktiv werden und Eltern mobilisieren können. Solche Selbsthilfegruppen können wichtige Innovationen leisten und wertvolle Hilfen anbieten.

Elternarbeit in Schule und Kindergarten darf nicht am „grünen pädagogischen Tisch" entworfen werden, sondern muß an den Nöten und Bedürfnissen der Eltern vor Ort ansetzen. Am Anfang jeglicher Elternarbeit müssen daher viele Gespräche und Kontakte mit der jeweiligen Elternschaft stehen. Nur wenn hieran angeknüpft werden kann, werden Eltern tatsächlich für eine aktive Mitarbeit in der Schule und im Kindergarten motiviert werden können.

7. Anregungen für einen ersten Anfang in Schule und Kindergarten

Die hier aufgezeigten Möglichkeiten umweltpädagogischer Arbeit in Schule und Kindergarten müssen in den Einrichtungen Schritt für Schritt umgesetzt und erprobt werden. Voraussetzung für eine umweltpädagogische Umgestaltung ist nicht die perfekte Planung, sondern der Wunsch der MitarbeiterInnen nach Veränderung. Es müssen nicht alle genannten Bereiche sofort umgestaltet werden. Vielmehr ist Umweltpädagogik – wie die Ökologie – ein vernetzter Prozeß. Wenn einzelne Bedingungen der pädagogischen Arbeit geändert und einzelne umweltpädagogische Aspekte aufgegriffen werden, verändert sich der gesamte pädagogische Alltag.

7.1. Aktivierung der Träume – Zukunftswerkstätten als ein Weg

Neben den schon vorgestellten „Einrichtungserkundungen“ (vgl. S. 51 f.; S. 54 f. dieses Buches) bietet sich vor allem die Zukunftswerkstatt als Methode an, mit der umweltpädagogischen Umgestaltung der eigenen Arbeit zu beginnen.

„In jedem Menschen steckt viel mehr, als er selber weiß“ (Jungk 1992). Mit diesem Satz drückt der Zukunftsforscher Robert Jungk seine Überzeugung aus, daß die Mitwirkung vieler Menschen an gesellschaftlicher Planung und demokratischen Entscheidungen möglich und notwendig ist. Zukunftswerkstätten als Raum für soziale Phantasie können nach Robert Jungk einen ähnlichen Stellenwert für die Demokratie haben wie die Entwicklung der Parlamente, indem sie den BürgerInnen Raum geben, eigene Ideen, eigene Wünsche und eigene Vorstellungen einzubringen (vgl. ebenda, S. 12).

Zukunftswerkstätten sollen ein Ort des demokratischen Diskurses sein, indem gemeinsam mit allen Betroffenen „soziale Erfindungen“ erdacht und ausprobiert werden können, „... ein Ort, an dem sich die vernachlässigte soziale Phantasie entfalten soll“ (Burow 1992, S. 7).

Für den ökologischen Bereich eignet sich diese Methode besonders deshalb, weil Zukunftswerkstätten die Möglichkeit bieten, neue Wege zu „erfinden“. Während bei herkömmlicher Neuplanung oft lediglich quantitativ veränderte Varianten des schon Bestehenden entwickelt werden, zielen Zukunftswerkstätten darauf ab, qualitative Veränderungen anzustreben.

Zukunftswerkstätten gliedern sich grob in drei Phasen (vgl. Jungk/Müllert 1985; Jungk/Müllert 1989; Jungk 1992; Burow 1992; Stange/Paschen 1994):

I. Kritik/Bestandsaufnahme

Zunächst werden all die Dinge gesammelt, die die TeilnehmerInnen kritisch zur Thematik bewegen, die als emotional belastend erlebt werden, die ärgern etc.

II. Utopie/Phantasie

Diese wichtigste Phase der Zukunftswerkstatt gibt, unterstützt durch Verfahren der Kreativitätsförderung, utopischen Entwürfen Raum. Die TeilnehmerInnen sollen ihren Phantasien freien Raum lassen. Es gilt:
- Alles ist möglich!
- Phantasie hat keine Grenzen – je kühner die Einfälle, desto besser!
- Nicht gegeneinander, sondern miteinander denken!
- „Killersprüche“ („Das geht sowieso nicht!“ o.ä.) sind verboten!

In der Phantasiephase sollten die Entwürfe und Utopien auf der phantastischen Ebene möglichst konkret ausgestaltet und teilweise auch erprobt werden.

III. Verwirklichung/Praxis

Jetzt wird eine Brücke zur Gegenwart geschlagen, indem einzelne Elemente der Utopien auf ihre Verwirklichung hin überprüft werden. Ziel ist es, möglichst konkrete Pläne zu entwickeln, um die ausgewählten Träume in der nahen Zukunft zu verwirklichen.

Der Zeitrahmen, in dem Zukunftswerkstätten durchgeführt werden, liegt zwischen einem Tag (Kurzwerkstatt) und einer Woche. Bei der zeitlichen Planung sollte man bedenken, daß erst die Arbeit ohne Zeitdruck eine Vertiefung des Themas erlaubt. Kurzwerkstätten ergeben häufig nur wenig neue Ideen.

Zukunftswerkstätten können mit Schülern, vereinfacht auch mit Kindern im Vorschulalter durchgeführt werden. Besonders eignen sie sich als Einstieg für die UmweltpädagogInnen selbst.

Das folgende Beispiel einer mit SchülerInnen einer Fachschule für Sozialpädagogik durchgeführten Zukunftswerkstatt verdeutlicht die Möglichkeiten dieser Methode.

Zukunftswerkstatt: „Kindergarten – ein Garten für Kinder“:
Nach einem gemeinsamen Besuch von Kindergärten – und hier besonders der Außenanlagen – wurde in dieser Zukunftswerkstatt nach Umgestaltungsmöglichkeiten für Kindergartenaußengelände gesucht.

I. Kritik
Die kritische Bestandsaufnahme der jetzigen Außenflächen geschah in einem brainstorming, das auf einem Plakat festgehalten wurde. Haupt-Kritikpunkte waren, daß das Außengelände als zu übersichtlich, zu wenig begrünt, zu langweilig, zu klein, mit zuwenig Versteck- und Klettermöglichkeiten ausgestattet empfunden wurde.

(Erste Verbesserungsvorschläge gingen in folgende Richtung: mehr Schaukeln, mehr Klettergerüste, mehr Blumen, größerer Sandkasten – zum Ausdruck kam letztlich der Wunsch nach mehr Quantität.)

In Kleingruppen beschäftigte sich jede Gruppe mit einem Kritikpunkt. Aufgabe war, nonverbal darzustellen, was Kinder durch die entsprechende Ausgestaltung des Geländes vermissen. In der Vorstellung der Kleingruppenergebnisse wurden erste Veränderungsnotwendigkeiten deutlich.

II. Phantasie
Als Anregung für die Phantasie-Freisetzung diente eine geleitete Phantasiereise, die die SchülerInnen in ihren Traum-Kinder-„Garten“ führte.

Nach einer Entspannungsphase wurden den SchülerInnen Anregungen für ihre Traumreise gegeben:

- Du gehst den Weg zum Kinder-„Garten“. Jetzt biegst Du um die Ecke und erblickst den Eingang der Einrichtung. Es ist ganz anders als sonst. Du weißt plötzlich: Du stehst vor dem Eingang Deines Traum-Kinder-„Gartens“. Langsam fühlst Du dich wie ein Kind, das diesen Kinder-„Garten“ gleich betreten möchte.
- Bleibe eine Weile vor dem Eingang stehen, betrachte ihn genau. Wie sieht der Eingang zum Kinder-„Garten“ aus?
- Gehe näher heran, sieh Dir die Details genau an. Der Eingang hat etwas Besonderes an sich. Er zieht Dich geradezu magisch an, woran liegt das, was macht den Eingang so attraktiv?
- Du kannst Dich Deinem Gefühl nicht widersetzen, Du mußt den Kinder-„Garten“ betreten. Du schreitest langsam durch das Tor und bleibst erstaunt stehen:
- Du stehst in einem beeindruckenden Garten. Halte eine Weile inne, um alle Eindrücke auf Dich wirken zu lassen.
- Zunächst einmal atmest Du tief durch, um die verschiedenartigen Gerüche in Dich aufzunehmen, die Dich umgeben. Einige dieser Gerüche kommen Dir bekannt vor. Du kannst sie ganz deutlich riechen und sie sofort benennen. Andere nimmst Du wahr, ohne sie zu kennen. Du folgst einem intensiven angenehmen Geruch. Du bückst Dich, um genau zu sehen, wer oder was diesen Geruch ausströmt.
- Du setzt Dich eine Weile ins Gras und genießt die Gartenwelt um Dich herum. Du machst die Augen zu.
- Du hörst Geräusche. Du folgst einem Geräusch, das Dich besonders berührt. Du entdeckst die Klangquelle und betrachtest sie genau.

- Nachdem sich Deine Nase und Deine Ohren erfreut haben, möchtest Du Deinem Auge etwas Gutes tun. Du hast längst entdeckt, daß in diesem Garten für all Deine Sinne ein Fest gefeiert wird.
- Du folgst einem Trampelpfad. Schon nach kurzer Zeit setzt Du Dich hin, um den Anblick, der sich Dir bietet, zu genießen. Es dauert einige Zeit, bis Deine Augen alles wahrgenommen haben.
- Jetzt entdeckst Du etwas, das Dich zum Aufstehen animiert. Du mußt Dich bewegen, Deine Arme, Beine und Füße benutzen. Du merkst, wie die Bewegung Deinem Körper guttut. Du hast Dich schon lange nicht mehr so wohl gefühlt und entdeckst immer mehr sportliche Herausforderungen im Kinder-„Garten“ für Dich.
- Nachdem Du Dich ausgetobt hast, wanderst Du langsam durch den Garten, um Dir einen Lieblingsplatz zu suchen. Wenn Du ihn gefunden hast, machst Du es Dir gemütlich. Du kannst in Gedanken noch einmal den ganzen Garten durchwandern. Es gibt noch vieles zu entdecken und zu erforschen.
- Langsam mußt Du Dich von Deinem Traum-Kinder-„Garten“ verabschieden. Du nimmst alle guten Erinnerungen in Dich auf und kehrst langsam in Deinem eigenen Rhythmus in die Gruppe zurück.
- Öffne jetzt die Augen, recke und strecke Dich ...

Im Anschluß an diese Traumreise erhielten die SchülerInnen die Aufgabe, ihren Traum-Garten zu malen. Diese Bilder wiederum verglichen sie in Klein-Gruppen. Sie stellten Gemeinsamkeiten und Unterschiede zwischen ihren Traum-Gärten fest und schrieben diese auf ein Plakat.

Diese Plakate wurden im Plenum vorgestellt und miteinander verglichen. Dabei wurde deutlich, daß der Wunsch nach künstlichen Spielgeräten kaum mehr eine Rolle spielte. Die Traum-Gärten der SchülerInnen waren erfüllt mit alten Bäumen, Obst-Bäumen, hohen Hecken, in denen man Höhlen bauen konnte, Wasserläufen, Lehmkuhlen, bunten Vögeln, Hütten aus Zweigen – und überall war Sommer – und die Kinder waren draußen (hier hat eine qualitative Veränderung der Wahrnehmung stattgefunden).

Aus all diesen Ideen wurde wiederum von den Kleingruppen jeweils eine Idee ausgewählt, die – immer noch phantastisch – weiter ausgemalt wurde. Gleichzeitig wurde nachgeforscht, welche Kinderträume hier wahr wurden. Als Ergebnis stellte jede Gruppe ein Faltblatt: „In unserem Kinder-‚Garten‘ kannst Du erleben...“ vor.

III. Realisierung

Erst jetzt gestalteten wir die Brücke zur Gegenwart. Gesucht wurde ein Ansatzpunkt zur Realisierung. Jede Kleingruppe suchte sich eine Element, das sie auf seine Verwirklichungsmöglichkeiten hin überprüfte. Sie entwickelte einen ganz konkreten Plan für die Umgestaltung der Einrichtung. Zeitraum, Organisation, Kosten – die realen Bedingungen wurden berücksichtigt. Es entstanden eine Feuerstelle mit Sitzmulden; eine Sandanlage mit Matschecke und ein Indianerzelt aus Weidenzweigen.

Dieses war eine Werkstatt, die mit SchülerInnen durchgeführt wurde. Rekrutieren sich die TeilnehmerInnen aus einer Einrichtung, ist die Möglichkeit der Realisierung einzelner Ideen bedeutend besser. Interessant wäre es, Methoden der Zukunftswerkstatt zu entwickeln, die Kinder und Jugendliche miteinschließt. Neben umweltpädagogischen Zielen ließen sich hiermit – vor allem in der Schule ganz besonders wichtige – Formen der Mitbestimmung und Mitgestaltung entwickeln. Lebensräume gemeinsam gestalten – dieses ist ein unerläßliches demokratisches Prinzip, das speziell in der Schule bislang noch kaum Niederschlag gefunden hat.

Die Zukunftswerkstatt ist eine besonders gute Methode, mit Kindern und Jugendlichen ökologische Veränderungen einzuleiten. Vor allem in der Schule haben Träume und Utopien viel zu wenig Raum – dabei sind sie das Kapital für gesellschaftliche Entwicklungen und Lösungen von morgen!

7.2. Spiele und Erkundungen

Im folgenden sollen einige Methoden vorgestellt werden, die als eigene Ideengeber für Umweltpädagogik fungieren können.

Assoziationen:
Dieses Spiel dient zur Einstimmung in eine Thematik oder zum Kennenlernen.

Die Gruppenleiterin legt Bilder mit Naturelementen, Tieren, Pflanzen etc. aus Zeitschriften in die Mitte. Jeder sucht sich ein Foto aus unter einer Fragestellung:
- Was ist für mich Natur?
- Wie stelle ich mir die Natur in 100 Jahren vor?
- Was ist mir besonders wichtig?
- Wohin möchte ich am liebsten in Urlaub fahren?
- Wo wäre ich jetzt am liebsten?

etc.

Dabei sollte den GruppenteilnehmerInnen genügend Zeit gelassen werden, sich alle Bilder anzuschauen.

Jeder stellt sein Bild vor und begründet die Wahl. Die anderen Gruppenmitglieder dürfen Fragen stellen. Als Auswertung können Gemeinsamkeiten/Unterschiede oder Auffälligkeiten gesucht werden.

Zeitreise:
Ziel dieser Erkundung ist es, eigene Utopien wahrzunehmen, deren Bedeutung zu diskutieren und ihre Kraft für die eigene Lebensgestaltung zu erfahren.

Die Zeitreise beginnt wie andere meditative Techniken mit einer Entspannungsphase. Sind alle TeilnehmerInnen zur Ruhe gekommen, werden folgende Anregungen gegeben:
- Dein Weg führt Dich in einen Wald.
- Du gehst ganz langsam, um jeden Eindruck ganz in Dich aufnehmen zu können.
- Du betrachtest die Bäume des Waldes. Bist Du in einem Nadelwald, oder bist Du in einem Mischwald?
- Stehen die Bäume dicht beieinander? Mußt Du Dir mühselig einen Weg bahnen, oder bewegst Du Dich beschwingt, ohne auf Hindernisse zu stoßen, durch den Wald?
- Suche Dir einen Baum aus, der Dir besonders gut gefällt.
- Setze Dich hin, betrachte den Erdboden, laß eine Handvoll Erde durch Deine Finger gleiten.

- Atme tief durch, und nehme den Geruch des Waldes wahr.
- Schließe die Augen, und lege beide Hände auf die Baumrinde – wie fühlt sich der Baum an?
- Lasse Deinen Blick langsam am Stamm entlang in die Höhe gleiten.
- Hat Dein Baum Einwohner? Leben in ihm Insekten oder Vögel?
- Hat Dein Baum Blätter oder Nadeln?
- Wie hoch ist Dein Baum?
- Kannst Du den Himmel über Deinem Baum sehen?
- Welche Geräusche hörst Du?
- Reichen Deine Arme aus, um den Baum zu umfassen?
- Wie fühlst Du Dich unter Deinem Baum?
- Woran denkst Du, wenn Du Deinen Blick auf die Wurzel des Baumes richtest?
- Wie sieht die Baumwurzel aus?
- Welche Pflanzen oder Tiere halten sich in der Nähe Deines Baumes auf?
- Was suchen sie dort?
- Verabschiede Dich langsam von Deinem Baum.
- Begib Dich jetzt auf eine Reise durch die Zeit.
- Du befindest Dich jetzt im Jahre 2040 (vielleicht auch im Jahre 2095).
- Du besuchst wieder den Wald.
- Du betrachtest alles ganz genau und suchst nach Veränderungen.
- Hat sich etwas verändert?
- Du suchst Deinen Baum – Findest Du ihn wieder?
- Wie sieht der Baum jetzt aus? Wie fühlt er sich an? Wie riecht er?
- Nimm Dir soviel Zeit, wie Du brauchst, Deinen Baum in dieser Zeit zu erforschen.
- Verabschiede Dich von Deinem Baum in der Zukunft, und kehre langsam in das Hier und Heute zurück.
- Öffne Deine Augen, wenn Dir danach ist, und erzähle den anderen von Deiner Zeitreise.

Auswertungshilfen:
Zukunftsvisionen sind häufig mit negativen Emotionen verbunden. Zeitreisepassagiere sollten vor dem Start darauf hingewiesen werden, daß sie jederzeit „aussteigen“ können. Im Auswertungsgespräch müssen die Gründe und die Auswirkungen positiver und negativer Zukunftsvisionen thematisiert werden.

Aufgabenralley:
Die Kinder erkunden in Vierergruppen die Umgebung, um bestimmte Dinge, über deren Einordnung sie sich innerhalb der Gruppe einigen müssen, zu besorgen. Die Aufgabenliste verlangt z.B. etwas Stacheliges, etwas Natürliches, etwas gut Riechendes, etwas Grasgrünes etc.

Es ist faszinierend zu beobachten, wie sich schon kleine Kinder über diese Begriffe verständigen.

Kameramensch:
Die Kinder gehen zu zweit durch den Wald. Ein Kind fungiert mit geschlossenen Augen als menschliche Kamera. Das andere Kind führt die Kamera zu Stellen und Plätzen, die es als angenehm oder erlebenswert empfindet. Ein Zupfen am Ohr der Kamera betätigt den Auslöser (die Augen öffnen sich für eine kurze Belichtungszeit von ca. 3 Sekunden). Der Fotograf gibt Anweisungen: Blick nach oben oder unten, Weitwinkel oder Nahaufnahme. So führt der Fotograf die „Kamera“ an

mehrere verschiedene Standorte. Nach etwa sechs Aufnahmen tauschen „Fotograf" und „Kamera" die Rollen. Anschließend findet in der Gesamtgruppe ein Erfahrungsaustausch statt.

Zu Beginn einer Umweltpädagogik sollten eigene Erfahrungsübungen mit der Natur stehen. Viele Ideen und Anregungen kommen dann von allein. Der beste Ratgeber zur Annäherung an die Natur sind die eigenen Interessen und Gefühle.

7.3. Wo anfangen – wie weitermachen? – Ein roter Faden

Beim Lesen dieses Buches ist deutlich geworden, auf welchen Ebenen Umweltpädagogik wirksam werden muß. Dieses mag anregend – aber auch abschreckend wirken. Daher bieten wir zum Schluß einen „roten Faden" für umweltpädagogische Veränderungen Ihrer Einrichtung. Wir können diesen allerdings nur locker ausrollen – mit Inhalten füllen und mit den Bedingungen in Ihrem Kindergarten, Ihrer Schulklasse verknoten, können sie ihn nur selbst.

Folgendes Vorgehen bietet sich an:

a) Standortbestimmung

- Welches ökologische Bewußtsein haben die einzelnen MitarbeiterInnen? Welche umweltfreundlichen Verhaltensweisen praktizieren sie?
- Welchen Stellenwert hat die Natur und haben ökologische Kriterien im alltäglichen Verhalten der MitarbeiterInnen?
- Wie sind Innen- und Außenräume der Einrichtung unter ökologischem Blickwinkel gestaltet? Welche Arbeitsteilung existiert? Welche Erfahrungen können Kinder und Jugendliche in der Einrichtung machen? Welcher „heimliche Lehrplan" wirkt?
- Welche Beobachtungen bezüglich des Natur-Verhältnisses unserer Kinder/Jugendlichen haben wir gemacht?

b) Zielformulierung

- Welche umweltpädagogischen Ziele wollen wir in unserer Einrichtung verfolgen?

- Wie korrespondieren diese Ziele mit der augenblicklichen Situation? Wo gibt es zur Zeit Widersprüche zwischen Zielen und der Realität?

c) Wege

- Situationsbezug herstellen: Welche Erfahrungen sind für die Kinder von großer Bedeutung? Wo finden sich Ansatzpunkte für umweltpädagogisches Arbeiten in den konkreten Kinder- bzw. Jugendgruppen? Hier müssen die Kinder selbst miteinbezogen werden.
- Prioritäten setzen: Welche Punkte erscheinen allen MitarbeiterInnen als besonders wichtig?
- Vorhandene Hilfen prüfen: Haben einzelne MitarbeiterInnen, Eltern oder NachbarInnen besondere Interessen, die sie in diesen Prozeß einbringen können?
- Einfache Veränderungen gleich in die Wege leiten: Welche Bereiche erscheinen besonders einfach umzustrukturieren?

d) Umsetzung

- Planung: konkrete Schritte planen, notwendige Hilfen suchen.
- Abstimmung mit dem Träger: die Notwendigkeit umweltpädagogischer Arbeit deutlich machen und die konkreten Wege abstimmen.
- Finanzierung: möglichst vielfältige Wege der Finanzierung finden (Träger, Geld- und Sachspenden, Mithilfe, Zuschüsse von Stiftungen etc.).

e) Ständiger Dialog

- Der begonnene umweltpädagogische Weg einer Schule oder eines Kindergartens muß aufmerksam und sensibel beobachtet werden. Es gibt keine richtigen oder falschen Aktivitäten, sondern Prozesse, die steter Veränderung unterliegen und die von allen verändert werden können.

PädagogInnen dürfen gerade unter den oft schwierigen Arbeitsbedingungen in pädagogischen Institutionen nicht entmutigend reagieren, sondern müssen die Situation, in der sie arbeiten, genau beobachten und die Bereiche aufspüren, in denen einzelne Aspekte umweltpädagogischer Arbeit umgesetzt werden können. Wenn sie diesen Weg sensibel weiter verfolgen, werden sie feststellen, daß sich aufgrund erster veränderter Bedingungen weitere Ansatzpunkte umweltpädagogischer Arbeit eröffnen werden.

Literatur

Akademie für Naturschutz und Landschaftspflege (Hg.): Begriffe aus Ökologie, Umweltschutz und Landnutzung, Laufen/ Frankfurt 1991.

Albrecht, Thomas: Kinderfarmen und Kinderbauernhöfe – Überlegungen aus Berliner Sicht, in: Harms/Mannkopf (Hg.), a.a.O., Berlin 1989, S. 121-125.

Arbeitsgruppe Vorschulerziehung: Anregungen I, Zur pädagogischen Arbeit im Kindergarten, München 1975.

Arbeitsgruppe Vorschulerziehung: Anregungen III, Didaktische Einheiten im Kindergarten, München 1976.

Baacke, Dieter: Wieviel Politik vertragen Kinder? in: Arbeitskreis „Kinderforen“ (Hg.): Kommunale Kinderpolitik. Ansätze, Konzepte, Modelle, Projekte und Erfahrungen für eine Politik von und mit Kindern, München 1993, S. 20-29.

Becker, Peter: Die Lust am Abenteuer und die Pädagogik, in: Sozialmagazin, 2/1993, S. 26-32.

Berthold, Erika: Begegnungen: Waldkinder, in: Klein und groß 7/8, 1994, S. 42-43.

Bode, Peter M.; Hamberger, Sylvia; Zängl, Wolfgang (Hg.): Alptraum Auto. Eine hundertjährige Erfindung und ihre Folgen, München 1986.

Brandt, Petra; Thiessen, Peter: Umwelt spielend entdecken. Ein Arbeitsbuch für Kindergarten, Hort und Grundschule, Weinheim, Basel 1981.

Bühler, Josef: Das Problem des Transfers. Kritisches zur erlebnisorientierten Kurzzeitpädagogik, in: Deutsche Jugend 2/1986, S. 71-76.

Burow, Olaf-Axel: Lernen für die Zukunft. Mit Zukunftswerkstätten soziale und ökologische Phantasie mobilisieren, in: Pädagogik 6/1992, S. 6-10.

Colberg-Schrader, Hedi; Krug, Marianne; Pelzer, Susanne: Soziales Lernen im Kindergarten, München 1991.

Cornell, Joseph Bharat: Mit Kindern die Natur erleben, Prien 1979.

Dreier, Annette: Was tut der Wind, wenn er nicht weht? Berlin 1993.

Elschenbroich, Donata: Öffnung des Kindergartens: Für eine Verzahnung von Lebenswelten, in: Colberg-Schrader et al., a.a.O. 1991, S. 151-157.

Ewald, Thomas: Kritisches zur Erlebnispädagogik, in: Deutsche Jugend 12/1989, S. 536-541.

Feiner, Waldemar; Niederle, Charlotte; Michelic, Elisabeth: Kinder erleben ihre Umwelt. Modelle und Methoden zur Umwelterziehung im Vorschulalter, Ravensburg 1980.

Feldmann, Klaus: Die Natur- und Umweltproblematik und die Struktur des Fernsehens, in: Niedersächsische Landeszentrale für politische Bildung (Hg.): Natur ist Kultur, Hannover 1990, S. 21-35.

Frey, Jürgen: Lebendige Umwelt gleich nebenan, Freiburg 1989.

Frey, Karl: Die Projektmethode, Weinheim, Basel 1982.

Göhlich, H.D. Michael: Reggiopädagogik – Innovative Pädagogik heute. Zur Theorie und Praxis der kommunalen Kindertagesstätten von Reggio Emilia, Frankfurt [3]1990 .

Harms, Gerd; Mannkopf, Lutz (Hg.): Spiel- und Lebensraum Großstadt, Berlin 1989.

Hebenstreit, Sigurd: Einführung in die Kindergartenpädagogik, Stuttgart 1980.

Henning, Kerstin; Jäger, Petra: Ein Kindergarten ohne Tür und Wände, in: KiTa aktuell 5/1994, S. 90-92.

Hermann, Gisela; Riedel, Heidi; Schock, Robert; Sommer, Brigitte: Das Auge schläft, bis es der Geist mit einer Frage weckt, Berlin [4]1989.

Hilgers, Micha: Die psychologischen Folgen der Reaktorkatastrophe von Tschernobyl, in: Die Nutzung der Kernenergie und die Zukunft der Kinder, Deutscher Kinderschutzbund, Hannover 1987.

Jugendförderungsgesetz (JuFöG): Erstes Gesetz zur Ausführung des Kinder- und Jugendhilfegesetzes, Gesetz und Verordnungsblatt für Schleswig-Holstein 7/1992, Kiel 12.03.92.

Jungk, Robert: "In jedem Menschen steckt viel mehr, als er selber weiß". Ein Interview mit Robert Jungk, von Olaf-Axel Burow, in: Pädagogik, 6/1992, S. 11-14.

Jungk, Robert; Müllert, Norbert R.: Zukunftswerkstätten. Mit Phantasie gegen Routine und Resignation, München 1989.

Jungk, Robert; Müllert, Norbert R.: Zukunftswerkstätten. Wege zur Wiederbelebung der Demokratie, München 1985.

Kerber-Ganse, Waltraud: Umwelterziehung im Vorschulbereich, UNESCO-Verbindungsstelle für Umwelterziehung im Umweltbundesamt (Hg.), Berlin 1988.

Kerstan, Dieter; Schock, Klaus: Was tun Kinder am Nachmittag? in: Offene Spielräume 1/1994, S. 3-9.

Knauer, Raingard: Alltagspartizipation als Basis für Kinderpolitik und Konsequenzen für die Ausbildung von Erzieherinnen, in: Unsere Jugend 11/1994, S. 488-501.

Kreuzer, Karl-Josef (Hg.): Handbuch der Spielpädagogik, Band 3, Düsseldorf 1984.

Kükelhaus, Hugo; Zur Lippe, Rudolf: Entfaltung der Sinne. Ein „Erfahrungsfeld" zur Bewegung und Besinnung, Frankfurt a.M. 1982.

Kupffer, Heinrich: Erziehung – Angriff auf die Freiheit. Essays gegen Pädagogik, die den Lebensweg des Menschen mit Hinweisschildern umstellt, Weinheim, Basel 1980.

Lindesmith, Alfred R.; Strauss, Anselm L.: Symbolische Bedingungen der Sozialisation, Teil 1, Düsseldorf 1974.

Mahlke, Wolfgang; Schwarte, Norbert: Raum für Kinder. Ein Arbeitsbuch für Raumgestaltung in Kindergärten, Weinheim, Basel 1989.

Malaguzzi, Loris: Wenn das Auge über die Mauer springt, in: Senatsverwaltung für Jugend und Familie (Hg.): Hundert Sprachen hat das Kind, Berlin 1992.

Martin, Ernst: Didaktik der sozialpädagogischen Arbeit. Eine Einführung in die Probleme und Möglichkeiten sozialpädagogischen Handelns, Weinheim, München 1989.

Meyer, Bernhard: Freiheitsentzug ohne Urteil. Behinderung und Probleme für Kinder und alte Menschen auf der Straße, in: Sozialmagazin 7/8 1991, S. 14-20.

Meyer, Hilbert: Unterrichtsmethoden I: Theorieband, Frankfurt/M. 1987.

Mikelskis, Helmut: Umweltbildung in Schleswig-Holstein, Kiel 1990.

Ministerium für Arbeit, Gesundheit und Soziales des Landes Nordrhein-Westfalen: Informationen für jeden, Heft 15: Aufsichtspflicht in Kindergärten und Horten, Düsseldorf 1989.

Montessori, Maria: Kinder sind anders, Stuttgart 1980.

Müller, Helga; Oberhuemer, Pamela: Die Welt, die uns umgibt. Erleben – begeifen – gestalten, Freiburg im Breisgau 1982.

Naturschutzzentrum Nordrhein-Westfalen: Natur-Kindergarten, Münster ³1991.

Oberholzer, Alex; Lässer, Lore: Gärten für Kinder, Stuttgart 1991.

Pausewang, Freya: Ökologische Bildung: Utopie im Kindergarten? in: Kinderzeit 12/1989, S. 14f.

Piaget, Jean; Inhelder, Bärbel: Die Psychologie des Kindes, München 1980.

Postman, Neil: Das Verschwinden der Kindheit, Frankfurt/M. 1983.

Rolff, Hans-Günter; Zimmermann, Peter: Kindheit im Wandel, Weinheim, Basel 1990.

Schmutzler, Hans-Joachim: Fröbel und Montessori, Freiburg, Basel, Wien 1991.

Schneider, Peter: Alternative Modelle und Utopien, in: Calließ, Jörg; Lob, Reinhold E. (Hg.): Praxis der Umwelt- und Friedenserziehung, Bd. 2: Umwelterziehung, Düsseldorf 1987, S. 473-479.

Spitzer, Klaus: Kinderleben und Pferdestärken. Tatsachen, Gedanken und Utopien, in: Bode/Hamberger/Zängl, a.a.O., München 1986, S. 136-141.

Stange, Waldemar; Paschen, Wolf: Praxishandbuch Zukunftswerkstätten. Methoden, Materialien, Konzepte, DGB-Jugend Nordmark, Hamburg, Kiel 1994.

Thiersch, Hans: Lebensweltorientierte Soziale Arbeit. Aufgaben der Praxis im sozialen Wandel, Weinheim, München 1992.

Tiedemann, Cornelia; Polkowski, Rainer; Schmidt, Hartmut: Tiere sind nicht nur zum Streicheln da, in: Kindergarten heute 7/8 1993, S. 10-15.

Unterbruner, Ulrike: Umwelterziehung und die Ängste Jugendlicher vor Umweltzerstörung, in: Eulefeld, Günter; Bolscho,

Dietmar; Seybold, Hansjörg (Hg.): Umweltbewußtsein und Umwelterziehung, Kiel 1991.

Vollmar, Klausbernd: Farben, München 1992.

Wulffen, Barbara von: Einladung zu Wahrnehmung und Liebe, in: Scheidewege, Jahresschrift für skeptisches Denken, 17/1987/88, S. 224-237.

Zitzelsperger, Helga: Ganzheitliches Lernen. Welterschließung über alle Sinne mit Beispielen aus dem Elementarbereich, Weinheim, Basel 1991.